居家健康植物

韬祺文化　编

中国林业出版社

居家健康植物编辑委员会

总 策 划 韬祺文化

执行主编 赵伶俐

参编人员 玛格丽特 赵芳儿 唐云亭 吴潇 赵宏 嘉木 张志刚
赵梦欣 宋晓丹 晓菲 李淑绮 赵凯峰 刘晓霞

图书在版编目（CIP）数据

居家健康植物 / 韬祺文化编. -- 北京：
中国林业出版社, 2014.5

ISBN 978-7-5038-7450-5

Ⅰ.①居… Ⅱ.①韬… Ⅲ.①观赏植物—观赏园艺
Ⅳ.①S68

中国版本图书馆CIP数据核字(2014)第080387号

策划编辑：何增明 印 芳
责任编辑：印 芳

出版发行：中国林业出版社（100009 北京西城区刘海胡同7号）
http://lycb.forestry.gov.cn
电 话：010-83227584
装帧设计：刘临川
印 刷：北京博海升彩色印刷有限公司
版 次：2014年7月第1版
印 次：2014年7月第1次
开 本：710mm×1000mm 1/16
印 张：13
字 数：350千字
定 价：39.00元

前　言

　　每个人家里或多或少都会种几盆绿色植物，为了养眼，也为了净化居室环境。尤其因为现在时不时地被"雾霾"造访，净化空气更是成为大家养花的理由和初衷。

　　但是，市场上那些被通通贴上"健康植物"标签的花草，哪些才是真正能净化空气、又适合在居室种养的？甲醛、苯、硫化物、氮化物……空气中有害的气体那么多，应该如何选择相应的植物来对付它们？

　　每个人都有自己所擅长的领域，植物也是。同是植物，有的是甲醛的克星，但是却拿"苯"没折；有的能吸收空气中的硫化物，但却对氮化物无计可施。因此，根据居室环境的实际情况来选择合适的植物也非常重要。

　　该书列举了近100种健康植物。说它们"健康"，绝不是作者胡诌的，它们都是由像中国农业科学院等国内外的学术科研院所，经过科学试验研究证明真正能吸收有害气体的植物，是最值得信赖的天然空气净化器。

　　本书中的所列举出的吸收有害气体的科学参数，都来源于已经公开发表的学术论文，具体见书后的参考文献。但是未列入本书中的其他植物，并不代表就不能吸收有害气体，只是我们没有找到相关的科学依据。

　　感谢玛格丽特、庭院时光、花婆婆、虹越园艺等单位和个人为本书提供了精美的图片。因为图片的背景大都是居家的环境，所以不仅让我们从直观上认识这些植物，也为我们怎样用这些植物来装饰居家环境提供了参考。

　　快给居室来几盆这样的"吸毒"植物吧，让我们离绿色近一些，离雾霾远一些；离健康近一些，离疾病远一些……

韬祺文化

目　录

居家健康植物
之观花植物

米兰

Aglaia odorata
Chu-lan tree

科　名：楝科/Meliaceae
属　名：米仔兰属/*Aglaia*
别　名：树兰、米仔兰

米兰枝叶繁密常青，老叶深绿，新叶亮绿，参差混杂，清秀可爱，是人们喜爱的既观花又观叶的植物，适宜室内盆栽，置于客厅、书房和门廊等处，清新幽雅。

生长习性

米兰为常绿灌木或小乔木，原产东南亚等热带、亚热带地区。我国原产于西南地区。喜温暖湿润和阳光充足的环境，略耐阴，喜暖怕冷；喜土层深厚、疏松、肥沃的酸性或中性土壤；不耐旱，对温度十分敏感，短时间的零下低温会造成植株死亡。

吸毒功能

米兰是天然的清道夫，可以清除空气中的甲醛。相关实验表明，米兰每平方米叶片每分钟吸收的甲醛约为1.5微克，对甲醛的净化率约为91.9%。

养护要点

1.以腐叶土为主的疏松、排水和透气良好的酸性土壤为佳。

2.米兰性喜温暖，温度越高，开出来的花就越香。养好米兰，温度适宜范围在20～35℃之间，在6月至10月期间开花可达5次之多。

3.米兰四季都应放在阳光充足的地方，如把米兰置于光线充足、通风良好的庭院或阳台上，每天光照在8～12小时之间，会使植株叶色浓绿，枝条生长粗壮，开花的次数多，花色鲜黄，香气也较浓郁。如果让米兰处在阳光不足而又荫蔽的环境条件下，会使植株枝叶徒长、瘦弱，开花次数减少，香气清淡。

4.米兰发花性强，开花次数多，必须及时补充养分。自6月开始，米兰进入生长旺期和开花期，直到10月中旬，每隔15天左右，需施一次以磷肥为主的较浓肥料，或隔15～20天喷施一次0.3%的磷酸二氢钾液，则开花更为繁茂。特别注意的是，花期一定要以磷肥为主，否则就会出现只长叶不开花的情况。

5.浇水次数视植株大小、气候变化以及放置场所等情况而定，做到适时、适量。夏季是生长旺季，需水量也随之增多，一般每天浇水一次。高温晴朗天气，每天早晚各浇一次水即可。如果缺水，会使叶子发黄甚至脱落。如遇阵雨，雨后要侧盆倒水，以防烂根。

火鹤

Anthurium andraeanum
Anthurium, Flamingo flower

科　名：天南星科/Araceae
属　名：花烛属/*Anthurium*
别　名：火鹤又名红掌、花烛

价值用途

火鹤的"掌"硕大、肥厚、富有蜡层、光亮如漆、色彩鲜艳华丽，花期长，且叶形优美、株型紧凑、姿态优美，周年可观花和观叶，是最受欢迎的盆栽观赏植物之一。

生长习性

火鹤为多年生附生常绿草本植物，原产中南美洲的热带雨林。性喜温热多湿又排水良好的环境，忌干旱和强光暴晒；生长适温为18～30℃；空气相对湿度以70%至80%为佳；喜肥沃疏松、排水好、透气性强的微酸性土壤，不耐盐碱。

吸毒功能

火鹤是净化室内空气的能手，能有效去除甲醛。相关实验表明，火鹤品种'亚利桑那'每平方米叶片每分钟可吸收甲醛约1.5微克，对甲醛的净化率约为30%。

养护要点

1.可用保水性好、肥沃疏松的椰糠、草炭、腐叶土等作为盆栽基质。

2.保持适宜生长日温21～25℃，夜温在19℃左右，昼夜温差为3～6℃，可促进养分的吸收和积累，有利于生长开花。

3.火鹤虽喜阳光，但又忌强光，若被强光直射，叶片易被灼伤，宜放在室内有一定散射光的明亮之处，千万不要放在有强烈阳光直射的环境中。

4.火鹤需水量与基质、季节和植株的生长发育阶段有关，一般来说每4～7天浇一次水。施肥一般与浇水结合进行。家庭养护者可到园艺资材店购买通用型全水溶性复合肥，稀释成800倍至1000倍液肥定期施用。

5.火鹤喜欢较高的空气湿度，春夏秋三季应经常向叶面及地面喷水；冬季空气湿度可稍低些，但如室内过于干燥，也应向叶面喷水。

菊花

Chrysanthemum morifolium
Chrysanthemum

科　名：菊科/Compositae
属　名：菊属/*Chrysanthemum*
别　名：菊华、寿客、金英、
　　　　黄华等

价值用途

菊花是我国栽培应用历史最为悠久的传统名花之一，品种极为丰富，色彩或浓艳或淡雅，姿态或飘逸或端庄，再加上耐寒、芳香的特质，深受世人所爱，在居室装饰中起着越来越重要的作用。

生长习性

菊花为多年生宿根草本植物，或亚灌木状。原产我国，现世界各地广为栽培。喜凉爽、较耐寒，小菊类耐寒性更强；喜阳光充足，不同类型品种花芽分化与发育对日长、温度要求不同；地下根茎耐旱，最忌积涝；喜疏松肥沃、排水良好、富含腐殖质的微酸性至微碱性土壤。

吸毒功能

菊花不但能美化环境，而且具有净化空气的奇特功能，被称为净化空气的"卫士"。相关实验表明，菊花每平方米叶片每分钟可吸收苯107.4微克，对苯的净化率为33.1%。

养护要点

1.室内盆栽菊花分为独头和多头类型。独头栽培选择花茎直立强韧的品种，只保留一个最强壮芽生长，现蕾后应将主蕾以下所有侧蕾全部剥除。多头栽培选择茎秆强韧、分枝角度适中、开花一致的品种。

2.菊花的日常施肥可以抑苗、壮秆、壮花的磷钾肥为主。在施足基肥后，如发现叶黄，可5～10天追肥一次，切勿过浓，切勿沾污叶片。

3.菊花不喜欢过湿的土壤，含蕾待放时要求水分稍多，开花期稍少。浇水量随植株长大逐渐增加。切忌积水，否则植株徒长，甚至烂根死亡。

4.为控制菊花高度、促分枝，当定植苗长出4～5片叶时，就要打顶；待其腋芽长到2～3片叶时，再次摘心，而后留下所需花枝数，把多余的腋芽在刚露芽苞时统统抹掉，集中养分，壮枝促花。

5.为防止菊花倒伏，应在菊茎旁用细竹竿立支柱；在花蕾形成时，视需要留足健壮花蕾后，其余都要剔除掉。

小丽花

Dahlia pinnata
Dwarf dahlia

科　名：菊科/Compositae
属　名：大丽花属/*Dahlia*
别　名：小轮大丽花、小丽菊、小理花等

价值用途

小丽花花色绚烂缤纷，灼灼照人，花期长，株型矮小，盛花期正值国庆节，非常适合盆栽观赏。

生长习性

小丽花为多年生草本植物，原产墨西哥热带高原。喜凉爽干燥和阳光充足的环境，并具短日照特性；不耐干旱，更怕水涝，忌重黏土，受渍后块根腐烂；适宜在疏松肥沃、排水透气性良好的沙质土壤中生长；生长适温为10～25℃。

吸毒功能

小丽花是良好的空气过滤器，能有效净化甲醛等有害物质。相关实验表明，小丽花每平方米叶片每分钟可吸收甲醛约3.1微克，对甲醛的净化率约为91.5%。

养护要点

1. 栽培土质以肥沃的沙质壤土为佳，排水及日照都需良好，可以用园土、细沙、堆厩肥按5：3：2的比例配制。

2. 小丽花喜肥，除施足基肥外，生长期除盛夏外，每10～15天施10%饼肥水，现蕾后施1%～3%磷酸二氢钾，促进花色艳丽。

3. 小丽花枝繁叶茂，耗水量大，如果缺水加强光，轻则叶边焦枯，重则落叶；如水太多，块根易烂，所以盆土要不干又不湿。开花期，夏季浇水应多一些，春秋应少一些。阴雨天要防积水，入秋收球前，少浇或不浇水。

4. 小丽花每天要保证6～10小时光照。若长期阴蔽，光照不足，则生长不良、花少、易生病。

5. 小丽花喜冷怕热，中国北方地区气温较适宜，从夏至秋都会开花。而长江流域，夏季高温，处于半休眠状态，一定要进行叶面遮阴，喷水降温。

石竹

Dianthus chinensis
Chinese pink, Rainbow pink

科　名：石竹科／Carypohyllaceae
属　名：石竹属／*Dianthus*
别　名：中国石竹、洛阳石竹、
　　　　石菊、绣竹

价值用途

石竹茎秆似竹，叶丛青翠，自然花期从暮春季节可开至仲秋，花朵繁茂，此起彼伏，观赏期较长，花色丰富，盆栽室内观赏多放于阳台、客厅等阳光充足处。

生长习性

石竹为多年生草本植物，原产我国，现国内外普遍栽培。耐寒、耐干旱、不耐酷暑；喜阳光充足、通风良好的环境；要求肥沃、疏松、排水良好及含石灰质的壤土或沙质壤土；忌水涝，好肥。

吸毒功能

石竹具有净化空气的功能，可吸收甲醛等有害物质。相关实验表明，锦团石竹每平方米叶片每分钟可吸收甲醛约2.4微克，对甲醛的净化率约为55.6%。

养护要点

1.一般秋季播种繁殖，易种间杂交，若需采种，母株需隔离。

2.盆栽时要求施足基肥，每盆种两三株。

3.小苗长至15厘米高时，要摘顶芽促分枝，以后注意适当摘除腋芽使养分集中，开花前及时去掉一些叶腋花蕾，可保证顶花蕾开花，促使花大色艳。

4.生长期间放置于向阳、通风良好处养护。

5.保持盆土湿润，每隔10天施一次腐熟的稀薄液肥。注意排水松土，冬季宜少浇水。

栀子花

Gardenia jasminoides
Cape jasmine

科　名：茜草科/Rubiaceae
属　名：栀子花属/ *Gardenia*
别　名：栀子、黄栀子

价值用途

栀子花叶片翠绿有光泽，四季常青，花洁白素雅，香气浓郁，常作为盆栽置于厅堂案头，生机盎然。

生长习性

栀子花为常绿灌木，原产我国长江流域以南，越南、日本有分布。喜温暖湿润气候，不耐寒；喜阳光充足，但又不能经受强烈阳光的照射，适宜在稍荫蔽处生长；宜在疏松、肥沃、排水良好、轻黏性和酸性土壤中生长；萌蘗力强，耐修剪。

吸毒功能

栀子花除观赏外，还可净化空气，对空气中的二氧化碳、甲醛等有害气体都有比较强的抵抗和吸收作用。相关实验表明，栀子花每平方米叶片每分钟可吸收甲醛约1.3微克，对甲醛的净化率约为93.4%。

养护要点

1. 盆土可用草炭、蛭石、珍珠岩按照2∶1∶1的比例进行混合，也可用园土、粗沙、肥土、腐叶土按照8∶3∶6∶3的比例配制。

2. 苗期要注意保持盆土和空气湿润，营养生长期可每隔10～15天浇一次0.2％硫酸亚铁溶液或矾肥水，或用雨水或经过发酵的淘米水，防止土壤碱化和叶片黄化。

3. 夏季注意防止强烈的直射光，每天早晚向叶面喷一次水，增加空气湿度，保持叶面光泽，花期注意补充磷肥和钾肥。8月份开花后只浇清水，并控制水量。

4. 10月份寒露前移入室内，置向阳处。冬季生长缓慢，注意控制浇水量，但仍需保持盆土和空气湿润。越冬温度不要低于零下5℃。

5. 在栀子花生长旺盛期即将结束时，对植株进行修剪，去顶梢，促进分枝，使株型丰满优美，花朵繁盛。

非洲菊

Gerbera jamesonii
Gerbera, Transvaal daisy, Barberton daisy

科　名：菊科／Compositae
属　名：大丁草属／ *Gerbera*
别　名：扶郎花

价值用途

非洲菊是优良的中小型盆栽观花植物，常置于阳台、窗台、几案等处，适合室内装饰。

生长习性

非洲菊为多年生宿根草本植物，原产南非，现世界各地广为栽培。喜冬暖夏凉、空气流通、阳光充足的环境，不耐寒，忌炎热；喜肥沃疏松、排水良好、富含腐殖质且土层深厚的微酸性沙质壤土，忌黏重土壤；对光周期反应不敏感，自然光照长短对花数和花朵质量无影响。

吸毒功能

非洲菊可吸收空气中的甲醛，有效净化空气。相关实验表明，非洲菊每平方米叶片每分钟可吸收甲醛约2.8微克，对甲醛的净化率约为89.9%。

养护要点

1.小苗期保持土面湿润，但不可过湿，否则易发生病害或死苗，生长期应充分供给水分，不要从叶丛中浇水，防止花芽腐烂。

2.植株生长期的最适宜温度为20～25℃，冬季适温为12～15℃，低于10℃时则停止生长。非洲菊属半耐寒性花卉，可忍受短期的0℃低温。

3.夏季适当遮阴，并加强通风，以降低温度，防止高温引起休眠。冬季应有较充足的光照，注意保温，并防止昼夜温差太大，以减少畸形花的产生。

4.非洲菊为喜肥花卉，追肥时要特别注意钾肥的补充，若植株处于半休眠状态，则应停止施肥。

5.要随时清除病叶、枯叶，保持洁净。

八仙花

Hydrangea macrophylla
Hydrangea, Big-leaf hydrangea, Big hydrangea

科　名：八仙花科／ Hydrangea ceae
属　名：八仙花属／ *Hydrangea*
别　名：绣球花、紫阳花

八仙花具有硕大的伞状花序，繁茂时似雪球压枝，姿态优美；花初开时白色，渐变为淡紫色、浅蓝色或粉红色，色彩艳丽，富于变化，是重要的室内盆花和暖地庭院花卉。

生 长 习 性

八仙花为落叶灌木，原产我国长江流域、华中和西南。属亚热带植物，性喜温暖、湿润和半阴环境，不耐酷热，亦忌严寒；怕旱又怕涝，喜肥沃湿润、排水良好的酸性轻壤土，但对土壤的适应性比较强；土壤的酸碱度直接影响花的颜色，pH值为4～6时花呈蓝色，pH值在7.5以上花呈红色，因此可作为测定土壤酸碱度的指示植物。

吸毒功能

八仙花既能美化环境，又能净化空气。相关实验表明：八仙花每平方米叶片每分钟可吸收苯215.4微克，对苯的净化率为77.6%。

养护要点

1. 八仙花为短日照植物，每天黑暗处理10小时以上，45～50天即可形成花芽。

2. 花后摘除花茎，促使产生新枝，生长适温为18～28℃，越冬温度不低于5℃。

3. 八仙花叶片肥大，枝叶繁茂，需水量较多，在生长季的春、夏、秋季，要浇足水分，使盆土经常保持湿润状态。夏季天气炎热，蒸发量大，除浇足水分外，还要每天向叶片喷水。八仙花的根为肉质根，浇水不能过多，忌盆中积水，否则会烂根。9月以后天气渐转凉，要逐渐减少浇水量。

4. 八仙花喜肥，生长期间一般每15天施一次腐熟稀薄饼肥水。为保持土壤的酸性，可用1%～3%的硫酸亚铁加入肥液中施用。经常浇灌矾肥水，可使植株枝繁叶绿。孕蕾期增施1～2次磷酸二氢钾，能使花大色艳。施用饼肥应避开伏天，以免招致病虫害和伤害根系。

5. 一般每年要翻盆换土一次，在3月上旬进行为宜。新土中用4份腐叶土、4份园土和2份沙土比例配制，再加入适量腐熟饼肥作基肥。换盆时，要剪去腐根、烂根及过长的根须。

26. 元/盆

喜炎热，要求光照阳光及深厚、肥沃、
排水良好的土壤。怕莱钤，适嘉全
株枯萎。雨季排水不良，通风不好，
易患白粉病及使根茎腐烂以至落叶。
注意通风，降低温度。

0110201447
北京

新几内亚凤仙

Impatiens New Guinea Hybrides
New Guinea impatiens

科　名：凤仙花科／ Balsaminaceae
属　名：八仙花属／ *Impatiens*
别　名：五彩凤仙花

价值用途

新几内亚凤仙植株丰满，叶片洁净秀美，花朵繁茂，花色丰富鲜艳，花期长，温度适合时可周年开花，生长速度快，可自然成型，适于盆栽观赏。在居室中用来装饰案头、阳台等，别有一番韵味。

生长习性

新几内亚凤仙为多年生草本植物，常做一年生植物栽培，原产新几内亚岛等地。喜温暖湿润的半阴环境，不耐寒；忌暴晒，光照不足则易徒长；生长适温为18～25℃；要求深厚肥沃、疏松透气、排水良好的微酸性土壤。

吸毒功能

新几内亚凤仙具有净化空气、吸收甲醛的功能。相关实验表明，新几内亚凤仙每平方米叶片每分钟可吸收甲醛约3.0微克，对甲醛的净化率约为84.2%。

养护要点

1.高于30℃和强光照下，叶片易发生灼伤；低于7℃时则易受冻害。

2.浇水以"见干见湿"为原则，生长期内要保持土壤湿润。

3.土壤可用草炭、蛭石、珍珠岩按照2：1：1的比例混合，也可用草炭、沙子、园土按照3：1：1的比例配制。

4.每隔7～10天喷一次叶肥，或每隔半月施一次稀薄肥水。

5.光照强时开花早、小，此时要经常摘心，积累营养以促发侧枝，使株型更加丰满。

非洲凤仙

Impatiens wallerana

Busy lizzy, Patient lucy

科　名：凤仙花科／Balsaminaceae
属　名：八仙花属／Impatiens
别　名：沃勒凤仙、玻璃翠

非洲凤仙枝叶青翠，花色妖艳浓郁，如同盛装美人，如栽培得当，可四季开花，是极好的盆栽观花植物。

生长习性

非洲凤仙为多年生常绿草本植物，原产非洲热带地区，现在世界各地广泛栽培。性喜温暖和半阴环境；不耐寒，适宜生长温度为18～25℃；喜排水良好的腐殖土。

吸毒功能

非洲凤仙具有较强的净化空气的功能，能吸收苯等有害气体。相关实验表明，非洲凤仙每平方米叶片每分钟可吸收苯68.0微克，对苯的净化率为30%。

养护要点

1.非洲凤仙对土壤和肥料要求不严，只要排水良好的壤土即可，生长期每一两周追肥一次，即可使之枝叶青绿，经常开花。

2.温度适宜时可全年开花，栽培温度应维持在13℃以上，在5℃以下易受寒害。

3.夏秋应放在阴凉处，防止暴晒，冬季一般放在向阳处。

4.非洲凤仙畏干旱，应保持基质和空气的湿度，但过湿易烂根，然而连续干旱多日亦会枯死。

5.花后要及时修剪，以促使抽生新枝，继续开花。

九里香

Murraya exotica
Bonsai plant

科　名：芸香科／ Rutaceae
属　名：九里香属／*Murraya*
别　名：石辣椒、九秋香、
　　　　九树香等

价值用途

九里香株型优美、枝叶秀丽、花香浓郁，有一定的耐阴性，很适合室内和阳台装饰。

生长习性

九里香为常绿灌木，原产亚洲热带及亚热带地区，中国云南、贵州、湖南、广东、广西、福建、台湾等地较干旱空旷地及疏林下有生长。喜温暖湿润气候；不耐寒，稍耐阴，稍耐干旱，忌积涝，要求阳光充足；喜土层深厚、疏松肥沃、富含腐殖质、排水良好的土壤。

吸毒功能

在室内摆放几盆九里香，可有效去除空气中的甲醛。相关实验表明，九里香每平方米叶片每分钟可吸收甲醛约2.5微克，对甲醛的净化率约为69.9%。

养护要点

1. 九里香最适宜生长温度为20～32℃，越冬室温不可低于5℃。

2. 九里香对土壤要求不严，但盆栽仍以中性培养土为好。栽培时置于阳光充足、空气流通处，可使叶茂花繁而芳香。

3. 浇水要适度，孕蕾前适当控水，促其花芽分化；孕蕾后及花果期，盆土以稍偏湿润而不渍水为好。

4. 九里香喜肥，应及时追施稀薄液肥，生长期半月左右施一次氮磷钾复合肥，不可单施氮肥，否则枝叶徒长而不孕蕾。4～6月，为促其花芽分化，每月可向叶面喷一次0.2%的磷酸二氢钾溶液。

5. 冬季应置于阳光充足处，对于过密枝条或徒长枝要及时修剪，同时剪掉枯枝、病枝，保持良好株型。

一串红

Salvia splendens
Redstring, Scarlet sage

科　名：唇形科/Labiatae
属　名：鼠尾草属/*Salvia*
别　名：炮仗红、象牙红等

一串红花序修长、花色鲜艳、花萼宿存观赏期长、花多密集、株型紧凑、叶色浓绿，应用效果极佳。矮生品种适合盆栽，用于窗台、阳台美化和屋旁、阶前点缀，色彩娇艳，气氛热烈。

生长习性

一串红为多年生草本或亚灌木，原产南美巴西，现世界各地广泛栽培。喜温暖和阳光充足环境；喜肥沃土壤，怕积水和碱性土壤；不耐寒，耐半阴，忌霜雪和高温；对温度反应比较敏感，最适生长温度为15～25℃，15℃以下停止生长，10℃以下叶片枯黄脱落；对光周期反应敏感，具短日照习性；适宜在疏松、肥沃和排水良好的沙质土壤中生长。

吸毒功能

一串红具有很强的吸收甲醛的能力。相关实验表明，一串红每平方米叶片每分钟可吸收甲醛约4.5微克，对甲醛的净化率约为73.0%。

养护要点

1. 生长适温为15～25℃，30℃以上植株生长发育受阻，花和叶变小。夏季高温期，需降温或适当遮阴，以控制一串红徒长。长期在5℃低温下，易受冻害。

2. 栽培中常用摘心来控制花期、株高和增加开花数，即成活后立即摘心，保留一节或两节，之后反复摘心3次以上，以促使植株矮壮、叶繁花茂。

3. 花后及时剪除残花，减少养分消耗，并增施磷肥和钾肥，促使再度开花。

4. 一串红为喜光性花卉，阳光充足有利于生长发育；若光照不足，植株易徒长，茎叶细长，叶色淡绿，如长时间光线差，叶片易变黄脱落。开花植株如摆放在光线较差的场所，则花朵不鲜艳且容易脱落。

5. 一串红极耐干旱，土壤干燥则表现萎蔫状，影响观赏价值，因此要浇足水，夏日每天浇水两次。

白鹤芋

Spathiphyllum kochii
Peace lily

科　名：天南星科／Araceae
属　名：白鹤芋属／*Spathiphyllum*
别　名：白掌、一帆风顺等

价值用途

白鹤芋植株挺拔，叶片宽大浓绿，佛焰苞硕大洁白，亭亭玉立，是既可观叶又可观花的室内盆栽植物。

生长习性

白鹤芋为多年生常绿草本植物，原产美洲热带地区。喜高温多湿、半阴环境，不耐寒，怕强光暴晒；生长适温为18～25℃，冬季温度不能低于15℃，室温低于10℃时，叶片容易受冻害；土壤以富含腐殖质的壤土为佳。

吸毒功能

白鹤芋是植物中净化空气的"专家"，被称为"废气过滤器"，可以过滤空气中的苯和甲醛。相关实验表明，其品种'绿巨人'每平方米叶片每分钟可吸收苯91.6微克，对苯的净化率为29.2%。

养护要点

1.白鹤芋叶片硕大，对缺水反应敏感，一旦缺水，叶片即萎蔫，应注意浇水的频度和水量，栽培养护时要保证土壤水分充足，并保持较高的空气湿度。

2.对光照反应敏感，可在散射光下正常生长，注意防止夏季的强光直晒，但长期处于过于荫蔽的环境也会引起植株生长不良，降低观赏价值。

3.白鹤芋生长的好坏，关键是基肥是否充足。此外，可视生长状况，每月或不定期追施水肥或无机氮肥，以促进叶片生长，加深叶色，保持最佳观赏状态。

4.为使株体长得端庄、匀称，每隔半月应调整放置角度。

5.盆栽用土可用腐叶土或泥炭土加1/4左右河沙或珍珠岩均匀配成，另外加少量骨粉或饼末作基肥。一般每年早春新芽大量萌发前要换盆一次，换盆时去掉部分旧土，修整根系，添加新的培养土并栽植在大一号的盆中，以利于根系发育。

大花天竺葵

Pelargonium domesticum

科　名：牻牛儿苗科/Geraniaceae
属　名：天竺葵属/Pelargonium
别　名：蝴蝶天竺葵、洋蝴蝶、
　　　　蝴蝶梅

价值用途

　　大花天竺葵品种花色繁多，在盛花期，一个由十余朵小花组成的大花球可持续开放半月以上，色彩绚丽，园林应用广泛，作为盆栽摆放在居室内，亦有良好的装饰效果。

生长习性

　　大花天竺葵为多年生常绿草本植物，原产南非、好望角一带，世界各地均有栽培。其与天竺葵相似，区别是叶面皱而有蹄纹；花朵大，色彩鲜艳，相对耐寒；要求阳光充足，通风良好。

吸毒功能

　　大花天竺葵对苯的吸收效果非常好，具有较强的净化空气的功能。

养护要点

　　1.喜冷凉气候，适宜的生长温度为5～25℃，植株于夏季高温期进入半休眠状态；秋冬季栽培时，夜温不低于5℃，因此在北方天竺葵应搬入室内，否则容易受冻害；冬季白天室内温度不低于10℃、夜间不低于5℃，可开花不绝。

　　2.喜光照充足环境，耐干燥，忌水湿，要求栽培基质疏松且排水良好，富含有机质。

　　3.保持生长环境为全日照状态，使其生长良好并尽早开花；利用天竺葵开花需要积累一定光照的特点，可以通过调整光照来调节花期，具体操作必须根据植株实际生长状况进行。

　　4.天竺葵的叶片具有较高的观赏价值，应随时把枯黄叶片及开过的残花摘掉，并适时追肥，可促进第二次开花，延长观赏期。天竺葵茎叶具柔毛，施肥、浇水时应避免叶片沾染肥水，施肥后用清水洗净叶面并使其干燥。

　　5.生长过程中保持基质中等湿润状态。天竺葵不耐水湿，要求栽培基质通气性好，否则根茎比例容易失调。过多水分容易发生由真菌引起的根腐病及灰霉病；但栽培基质也不宜过于干燥，否则会使根系周围积累盐分并造成灼烧。

长寿花

Kalanchoe blossfeldiana
Winter pot kalanchoe

科　名：景天科/Crassulaceae
属　名：伽蓝菜属/*Kalanchoe*
别　名：矮生伽蓝菜、
　　　　圣诞伽蓝菜、寿星花

价值用途

　　长寿花植株小巧玲珑、株型紧凑、叶片翠绿、花朵密集，是冬春季理想的室内盆栽花卉，花期正逢圣诞、元旦和春节，布置窗台、书桌、案头，十分相宜；用于公共场所的花槽、橱窗和大厅等，其整体观赏效果极佳。

生长习性

　　长寿花为多肉植物，原产非洲。适宜生长温度为15～25℃，夏季高温超过30℃则生长受阻，冬季入温室或放室内向阳处，温度保持10℃以上，最低温度不能低于5℃；适合排水好的土壤，以泥炭为主，加上蛭石、珍珠岩的人工培养土最佳；对水的需求量较低，中午前浇水完毕，入夜之前叶片一定要保持干燥；为短日照植物，对光照要求不严，全日照、半日照和散射光照条件下均能生长良好。

吸毒功能

长寿花具有良好的净化空气的作用，对苯有着较强的净化功能。

养护要点

　　1.盆土采用肥沃的沙壤土、腐叶土、粗沙、谷壳炭混合而成。栽植时盆底要垫瓦片，并在培养土中搀加腐熟的有机肥作基肥。栽后不能马上浇水，需要停数天后浇水，以免根系腐烂。

　　2.夏季炎热时要注意通风、遮阴，避免强阳光直射。冬季需注意防寒，室温不能低于12℃，以白天15～18℃、夜间10℃以上为好。如果温度过低，则叶片发红，开花期推迟或不能正常开花，影响节日观赏。

　　3.长寿花是多肉植物，体内含有较多的水分，故较耐旱而怕涝。春秋两季，3天左右见盆土干后浇一次透水，常保持稍润即可。夏季宜少浇水，5～7天浇一次为好。冬季入室后宜用与室温相近的水于中午浇，一周左右浇一次。

　　4.长寿花喜肥。幼苗上盆定植半月或老株分株半月后可施2～3次以氮为主的液肥，促长茎叶；花后可施一次以氮为主的液肥，促其复壮。其余时间，除夏季停施外，只能施氮磷钾复合肥，施肥时勿将肥弄在叶子上，否则叶片易腐烂，如不小心弄脏叶面，应用水冲洗掉。

　　5.长寿花具有向光性，因此生长期间应注意调换花盆的方向，使植株受光均匀，促使枝条向四周各方匀称生长。花谢后要及时剪掉残花，以免消耗养分，影响下一次开花数量。

凤梨 '红星'

Guzmania 'Marlebeca'

科　名：凤梨科/Bromeliaceae
属　名：果子蔓属/*Guzmania*
别　名：鸿运当头

价值用途

凤梨'红星'叶片翠绿光亮，深红色管状苞片，色彩艳丽持久，观赏期长。除盆栽点缀窗台、阳台和客厅外，还可装饰小庭院和入口处。

生长习性

凤梨科植物是一种多年生草本植物，原产南美安第斯山地区。喜温热、湿润环境；明亮的散射光对生长、开花有利；喜疏松、排水良好、含腐殖质的壤土；冬季温度不低于10℃。

吸毒功能

凤梨'红星'是夜晚的空气清新器，在夜间净化空气的能力特别强，实验表明，如果在居室内摆放三四株凤梨类植物，二氧化碳的浓度将降到0.025%左右。

养护要点

1.凤梨栽植土以选用疏松的泥炭土、腐殖土、树蕨碎渣混合培养土为好。

2.应置于半阴通风处，取散射光照莳养。强光易使叶片受灼，出现杂斑；但注意不要长久放在过阴处。

3.在气候干旱、闷热、湿度低的情况下，凤梨的叶缘及叶尖极易出现焦枯现象，因此要保持盆土湿润，每日可向叶面喷洒清水1～2次，叶座中央杯状部位可注满清水。

4.凤梨根系不够发达，只有小而短的根系，故切忌施过多的肥料，以防根系腐烂、叶子发黄，应以稀薄肥水施之。

蝴蝶兰

Phalaenopsis amabilis
Moth orchid, Butterfly orchid

科　名：兰科/Orchidaceae
属　名：蝴蝶兰属/*Phalaenopsis*
别　名：蝶兰

生长习性

蝴蝶兰属附生草本植物，大多数产于潮湿的亚洲地区，在中国台湾和泰国、菲律宾、马来西亚、印度尼西亚等地都有分布。喜高温、高湿、半阴环境；生长适温为15～20℃，冬季气温在10℃以下就会停止生长，低于5℃容易死亡。

价值用途

蝴蝶兰花梗修长、花朵硕大、花姿优美、颜色华丽、花期长，为热带兰中的珍品，有"兰中皇后"之美誉，适合家居摆放，具有高贵大气的气质。

吸毒功能

蝴蝶兰能吸收空气中的苯、甲醛及其他有害有毒气体，并能释放出大量氧气，可有效改善室内的空气质量。

养护要点

1.蝴蝶兰常见的栽培介质以水草、苔藓为主。

2.家庭养蝴蝶兰首先要保证温度。蝴蝶兰喜高温、高湿环境，最低温度应保持在15℃以上。秋冬和冬春之交气温低时应注意增温，但不要将花直接放在暖气片上或离之过近。夏季温度高时需要降温，并通风，若高于32℃，蝴蝶兰通常会进入半休眠状态。

3.蝴蝶兰宜在通风、湿度高的环境中栽培养护，适宜生长的空气湿度为60％～80％。蝴蝶兰新根生长旺盛期要多浇水，花后休眠期少浇水。春秋两季每天下午5时前后浇水一次；夏季植株生长旺盛，每天上午9时和下午5时各浇一次水；冬季隔周浇水一次已足够，宜在上午10时前进行。浇水的原则是见干见湿，水温应与室温接近。当室内空气干燥时，可用喷雾器直接向叶面喷雾，见叶面潮湿即可，但注意，花期不可将水雾喷到花朵上。

4.虽然蝴蝶兰较喜阴，但仍需部分光照，尤其花期前后，适当的光照可促使蝴蝶兰开花，且使花艳丽持久。勿让阳光直射。

5.蝴蝶兰的正常生长需要流动的新鲜空气，故通风一定要好。

半支莲

Portulaca grandiflora
Ross-moss

科　名：马齿苋科/Portulacaceae
属　名：马齿苋属/*Portulaca*
别　名：太阳花、洋马齿苋、
松叶牡丹、死不了

价值用途

半支莲花色丰富、色彩鲜艳，景观效果极其优秀；其生长强健，管理非常粗放；无论自播繁衍还是扦插繁殖都相当出众，短期内即可达到观赏效果，是非常优秀的景观花种。适合作镶边或栽种于石阶旁、岩石园，亦可盆栽观赏，或点缀窗台、居室、阳台。

生长习性

半支莲为一年生草本植物，原产南美巴西、阿根廷、乌拉圭等地，我国各地均有栽培。喜欢温暖、阳光充足的环境；极耐瘠薄，一般土壤都能适应，对排水良好的沙质土壤特别钟爱；见阳光花开，早、晚、阴天闭合。

吸毒功能

半支莲净化空气能力强，能有效地吸收二氧化硫、氟化氢、氯、乙醚、乙烯、一氧化碳、过氧化氮等有害物。还能够吸收二氧化碳，同时释放出氧气，并且能提高空气中的负离子含量。

养护要点

1. 栽培土壤可用3份田园熟土、5份黄沙、2份砻糠灰或细锯末，再加少许过磷酸钙粉均匀拌和即成。

2. 盆器可选用泥盆、瓷盆、塑料花盆或底部能够渗水的其他容器。底部渗水处垫上瓦片，以利于渗水。

3. 太阳花种子非常细小，常采用育苗盘播种，极轻微地覆些细粒蛭石，或仅在播种后镇压实，以保证足够的湿润。发芽温度为21～24℃，7～10天出苗，幼苗极其细弱，因此如保持较高的温度，小苗生长很快，便能形成较为粗壮、肉质的枝叶。这时小苗可以直接上盆，采用10厘米左右直径的盆，每盆种植2～5株，成活率高，生长迅速。

4. 如果扦插半支莲，需抹平容器中培养土平面，将剪来的嫩枝头插入竹筷戳成的洞中，插入培养土最多不超过2厘米。为使盆花尽快成形、丰满，一盆中可视花盆大小，可扦插多株，接着浇足水即可。新扦插苗可遮阴，也可不遮阴，只要保持一定湿度，一般10～15天即可成活。

5. 平时保持一定湿度，半月施一次千分之一的磷酸二氢钾，就能达到花大色艳、花开不断的目的。如果一盆中扦插多个品种，各色花齐开一盆，欣赏价值更高。

石榴

Punica granatum
Pomegranate

科　名：石榴科/Punicaceae
属　名：石榴属/*Punica*
别　名：安石榴、若榴

价值用途

石榴树姿优美，枝叶秀丽，初春嫩叶抽绿，婀娜多姿；盛夏繁花似锦，色彩鲜艳；秋季累果悬挂。其既能赏花，又可食果，因而深受人们喜爱，用石榴制作的盆景更是备受青睐。

生长习性

石榴为落叶灌木或小乔木，原产于伊朗及其周边地区，我国各地都有栽培。性喜光，有一定的耐寒能力；喜湿润肥沃的石灰质土壤；花期为5～7月；重瓣的花多难结实，以观花为主；单瓣的花易结实，以观果为主；萼革质，浆果近球形，秋季成熟。

吸毒功能

花谚说，"花石榴红似火，既观花又观果，空气含铅别想躲"，室内摆一两盆石榴，能有效降低空气中的含铅量。

养护要点

1.盆栽石榴土壤要求疏松通气、保肥蓄水、营养丰富。可按园田表土3份、腐叶土3份、厩肥2份、细沙2份混匀即可。

2.秋季落叶后至翌年春季萌芽前均可栽植或换盆。栽植时要带土团，地上部分适当短截修剪，栽后浇透水，放背阴处养护，待发芽成活后移至通风、阳光充足的地方。

3.生长期要求全日照，并且光照越充足，花越多、越鲜艳。背风、向阳、干燥的环境有利于花芽形成和开花。光照不足时，植株只长叶不开花，影响观赏效果。

4.石榴耐旱，喜干燥的环境，浇水应掌握"干透浇透"的原则，使盆土保持"见干见湿、宁干不湿"。在开花结果期，不能浇水过多，盆土不能过湿，否则枝条徒长，导致落花、落果、裂果现象的发生。雨季要及时排水。

5.盆栽石榴均应施足基肥，然后入冬前再施一次腐熟的有机肥。应按"薄肥勤施"的原则，生长旺盛期每周施一次稀肥水。长期追施磷钾肥，保花保果。

四季秋海棠

Begonia semperflorenshybr
Wax begonia, Florists flowering begonia

科　名：秋海棠科/Begoniaceae
属　名：秋海棠属/*Begonia*
别　名：蚬肉秋海棠、玻璃翠、
　　　　四季海棠、瓜子海棠

价值用途

　　四季秋海棠株型秀美、叶色油绿光洁、花朵玲珑娇艳，非常适宜小型盆栽观赏，在家庭书桌、茶几、案头和商店橱窗、会议桌、餐桌摆放，枝繁叶茂，色彩娇艳，更显活泼生机。

生长习性

　　四季秋海棠为多年生草本植物，原产南美巴西。喜温暖、湿润和阳光充足环境；生长适温为18～20℃，冬季温度不低于5℃，否则生长缓慢，易受冻害，夏季温度超过32℃，茎叶生长较差。

吸毒功能

　　四季秋海棠不但具有较高的观赏价值，而且净化空气非常有效，能净化甲醛等有害气体。

养护要点

　　1.盆土应选择排水良好、富含腐殖质的沙质壤土。可用腐叶土、园土、沙子按1：1：1的比例，再加适量厩肥和过磷酸钙制成盆土。

　　2.四季秋海棠须根特别发达，生长期生长旺盛，肥水管理要得当。生长期要求水分适中，注意保持盆土湿润，但冬天应适当减少浇水量。

　　3.四季秋海棠在生长期每隔10～15天施一次沤制好的稀液肥。施肥时，要掌握"薄肥多施"的原则。施肥后，要用喷壶在植株上喷水，以防止肥液沾在叶片上而引起黄叶。生长缓慢的夏季和冬季，少施或停止施肥。

　　4.四季秋海棠喜光，但忌阳光暴晒，光线过强，易使叶片卷缩并出现焦斑；光线不足则长得瘦弱，影响开花，且花色浅淡。

　　5.四季秋海棠喜温暖湿润，不耐寒，最适温为20℃，最低温为10℃，否则易受冻害。夏季高温季节处于半休眠状态，宜摆放于通风良好遮阴处，此时停止施肥。忌雨淋，否则易使植株烂根。

秋石斛

Dendrobium phalaenopsis
Denphale

科　名：兰科／ Orchidaceae
属　名：石斛属／*Dendrobium*
别　名：蝴蝶石斛

价值用途

秋石斛为附生兰，青翠的叶片互生于芦苇状的假鳞茎两侧，持续数年不脱落，在秋天可见花序从假鳞茎顶部节上抽出，有花几朵至十几朵，鲜艳夺目，开花时间长达两个月，具有秉性刚强、祥和可亲的气质，因此又有"父亲节之花"之称。

生长习性

秋石斛为多年生常绿草本植物，主要分布于亚洲热带和亚热带，澳大利亚和太平洋岛屿，我国大部分分布于西南、华南、台湾等地。喜温暖、湿润环境；对温度要求宽，8℃可以过冬；喜光，夏季需要遮光；栽培基质多由粗泥炭、松树皮、蛭石、珍珠岩、木屑等配制而成；有一定的耐旱能力。

吸毒功能

秋石斛可以净化空气中的有害物质，释放氧气，保持室内空气清新，是美国宇航局认定的有效净化空气植物。

养护要点

1. 需用泥炭苔藓、蕨根、树皮块和木炭等轻型、排水好、透气的土壤，同时盆底多垫瓦片或碎砖屑，以利于根系发育。

2. 秋石斛喜好长日照的环境，日照时间以12小时最为适宜，但其对炎夏的烈日仍然无法适应，因此在7～8月间的烈日与酷热下，仍需稍加遮光，以避免叶片因过强的日照而引起灼伤。

3. 秋石斛喜欢温暖的气候，25～35℃是最佳的生长温度范围，但是秋石斛的耐低温性甚差，因此入冬后应尽量维持10℃以上，否则植株易受寒害。

4. 秋石斛喜欢干燥的环境，但在高温、日照长的气候下，必须配合高湿，方确保植株正常生长。进入春夏季时，正值生长旺盛期，每天早晚需各浇一次水；到入秋前，假球茎成熟，并且开始形成花芽，此时必须减少浇水量，直至花茎抽出，方能恢复浇水；冬季花谢后植株便进入休眠期，水分亦相对地减少，每2～3天或1周浇水一次，视情况而定。

5. 生长期每旬施肥一次，秋季施肥减少。施肥时一定不要施浓肥，可根据生长时期的状况调节氮、磷、钾的比例，进行叶面喷雾或者灌根，一般一周进行一次；到假球茎成熟期和冬季休眠期，则完全停止施肥。

比利时杜鹃

Rhododendron hybrida

科　名：杜鹃花科/Ericaceae
属　名：杜鹃花属/*Rhododendron*
别　名：杂种杜鹃、西洋杜鹃

比利时杜鹃品种繁多，花色丰富，色彩艳丽，花期持久。近年来，以质优、价廉、量大的态势在国内年宵花市上扮演着主要角色，并逐步进入百姓家庭。

生长习性

比利时杜鹃为常绿灌木。喜温暖、湿润、空气凉爽、通风和半阴的环境；要求土壤酸性、肥沃、疏松、富含有机质、排水良好；生长适温为12～25℃；为长日照植物，但喜半阴，怕强光直射。

吸毒功能

在净化空气方面，杜鹃花可以帮人对付胶合板或泡沫绝缘体产生的甲醛。

养护要点

1. 宜用泥炭土、腐叶土、锯末等配制的混合土，也可单用阔叶林下的腐殖土，pH值控制在5.5～6.5之间，通透性良好，不得有积水。

2. 冬季室内温度不得低于3℃，否则会受冻；夏季室外过夏，要创造一个半阴而凉爽的环境。

3. 浇水，水质应偏酸，3月至6月需每天浇水一次，或保持盆土湿润，盆中有积水要及时排去；7月至8月要随干随浇，同时增加叶面喷水；9月至10月保持盆土湿润，增加叶面喷水；11月至次年2月，要少浇水、多喷水，或改浇水为喷水。

4. 施肥要求薄肥勤施，常用沤制的草汁水、鱼腥水、饼肥水等，切忌用生肥、大肥、浓肥，且肥液不要沾污叶面，也可于叶面加喷磷酸二氢钾溶液，浓度为0.2%。

5. 5月至10月都应给予遮阴，通常5月为9时至15时，6月为8时至16时，7月至8月为8时至17时，9月为时至16时，10月为9时至15时。

仙客来

Cyclamen persicum
Florist's cyclamen

科　名：报春花科/Myrsinaceae
属　名：仙客来属/Cyclamen
别　名：兔子花、兔耳花、
　　　　一品冠、萝卜海棠

价值用途

仙客来花形别致，娇艳夺目，烂漫多姿，有的品种有香气，观赏价值很高，深受人们喜爱，是世界花卉市场上最重要的盆栽花卉之一，常用于室内花卉布置。

生长习性

仙客来属多年生草本植物，原产地中海一带，现世界各地广为栽培。喜凉爽、湿润及阳光充足的环境；生长和花芽分化的适温为15~20℃，湿度为70%~75%；为中日照植物；要求疏松、肥沃、富含腐殖质、排水良好的微酸性沙壤土。

吸毒功能

仙客来吸收二氧化硫的能力比较强，对其他一些有害气体也有一定的吸收能力。此外，仙客来能吸收二氧化碳，释放氧气，增加室内空气中的负离子含量，提高空气湿度。

养护要点

1.基质需要疏松透气、排水良好的微酸性土，一般选用泥炭与珍珠岩的混合基质，也可用腐叶土与炉渣灰混合栽培。

2.喜温暖的环境，不耐高温与严寒，最高温度不可超过30℃，否则会进入休眠状态。冬季室温最好保持在10~20℃之间，低于5℃时，生长受到抑制，叶片卷曲，花朵也开放不佳，颜色暗淡。

3.仙客来喜湿润的环境，不耐干燥，生长期间湿度需保持在60%~70%之间，可令叶色深绿而富有光泽。冬季不可置于暖气、空调所能直接接触的位置，防止因风干而萎蔫干枯。喷水时要避开花朵，防止花朵提前凋谢，水温应与室温相近。

4.仙客来在生长期中需要充足的光照方可开花持久、花色鲜艳。置于半阴处也只能作短暂欣赏，更要避开荫蔽环境，否则叶色与花色都会变淡，植株衰弱，严重者很难恢复，直至衰败枯竭。

5.仙客来喜水又忌湿，盆土需保持湿润，但要防止积水或渍涝，否则根系一旦腐烂，全株就会很快死亡。仙客来不耐旱，如果水分供应不及时，叶片很快就会出现发黄、萎蔫现象，即使是补充浇水后，也会有很多的叶片变黄而需要修剪，严重影响整株的美观和生长。

6.一般在家庭欣赏时，仙客来已进入花期，基本上不需施肥，否则落花落蕾。施肥一般选择在营养生长期进行，氮磷钾需要均衡，花蕾育成期则需要提高磷钾肥的施用量，但绝对不可施用浓肥、烈肥、生肥，否则极易产生肥害而全株坏死。

月季

Rosa chinensis
China rose

科　名：蔷薇科/Rosaceae
属　名：蔷薇属/Rosa
别　名：月月红、长春花

价值用途

月季是我国传统名花，栽培历史悠久，被誉为"花中皇后"。其花期长，观赏价值高，价格低廉，常作为观赏花卉使用，可在多种地方种植，一般用于布置花坛、花境、庭院，可制作月季盆景。

生长习性

月季为常绿或半常绿灌木，原产于中国的贵州、湖北、四川等地，现遍布世界各地。适应性强、耐寒、耐旱；对土壤要求不严格，但以富含有机质、排水良好的微酸性沙壤土最好；喜欢阳光，但是过多的强光直射又对花蕾发育不利；喜欢温暖，22～5℃的温度最适宜生长。

吸毒功能

花谚说，"月季蔷薇肚量大，吞进毒气能消化"，月季能较多地吸收硫化氢、氟化氢、苯酚、乙醚等有害气体，减少这些气体的污染。

养护要点

1.营养土可用多种材料进行配制，如用有机物与土壤堆制发酵的营养土与田土、砻糠灰等配置，具有保水、通气、保肥、疏松等特点。

2.常用的花盆有瓦盆、陶盆、瓷盆、紫砂盆等，而栽培月季以瓦盆生长最好，紫砂盆也较好。盆栽月季应放在空旷、通风、阳光充足的地方。

3.春季与秋季盆土干后要及时浇水；夏季天气炎热，每天都要及时浇水。

4.生长季节，每两周左右施一次肥料，采用破碎的饼肥放在缸中加水沤制发酵，肥料腐熟后取上层肥液加十几倍水稀释后施入盆土中。

5.要常修剪，修剪的方法是：每年12月后月季叶落时要进行一次修剪，留下的枝条约15厘米高，修剪的部位在向外伸展的叶芽之上约1厘米处，同时修去侧枝、病枝和同心枝。5月后每开完一次花，修去开过花的这根枝条的2/3或1/2，这样便会有更多的再生花芽的机会。如要花朵开得大，也可在花蕾多时摘去一部分。

蟹爪兰

Zygocactus truncatus
Crab cactus

科　名：仙人掌科/Cactaceae
属　名：蟹爪兰属/*Zygocactus*
别　名：圣诞仙人掌、
　　　　蟹爪莲、仙指花

价值用途

蟹爪兰株型好，开花多，花朵悬垂倒挂，鲜艳夺目，充满喜气，具有极高的观赏价值，适于窗台、门庭入口处和展览大厅装饰。节茎因过长，而呈悬垂状，故又常被制作成吊篮做装饰。

生长习性

蟹爪兰属多年生常绿肉质附生性植物，原产于南美洲的巴西。需肥沃的腐叶土、泥炭、粗沙的混合土壤；生长适温为18～23℃；属短日照植物，在短日照条件下才能孕蕾开花。

吸毒功能

蟹爪兰具有较强的抗电磁辐射和放射性物质能力，对空气中的一些有害气体也有一定的吸收能力，还能够吸收二氧化碳，同时释放出氧气，增加空气中的负离子含量，提高空气湿度。

养护要点

1.蟹爪兰喜光，但夏季忌高温，也较耐阴，对光照要求不强，室内光照可保持其正常生长，但在冬春季时常放置在窗户等光亮处，可使植株更健壮有光泽，花朵更艳丽，开花后为延长观赏花期可放置在阴凉处。

2.5～30℃都能维持蟹爪兰的正常生长，室温偏低时，出花慢，花期长；室温偏高时，出花快，花期相对短。冬夏季不能放置在室外。

3.蟹爪兰忌浇水过多，否则极易烂根。要待盆土较干后再浇水，冬春季一般7～10天浇一次水。不宜直接向叶片喷水

4.每月施颗粒复合肥1～2次，每次5～10粒。温度太高或太低的季节可停止施肥。

5.盆栽蟹爪兰，宜选用疏松、肥沃、排水良好的微酸性土壤，盆底应放些腐熟肥、鸡粪等作基肥。

丽格海棠

Begonia × hiemalis
Rieger begonia

科　名：秋海棠科/Begoniaceae
属　名：秋海棠属/*Begonia*
别　名：丽格秋海棠、玫瑰海棠
　　　　丽佳秋海棠等

价值用途

丽格海棠的枝叶、花朵均有很高的观赏价值，为冬季室内高档盆栽花卉品种，已成为花卉市场的新宠；多用于家庭几案、桌饰、窗饰、宾馆大堂、客厅、餐厅和会议厅堂摆放，还可剪取花枝作艺术插花花材。

生长习性

丽格海棠为多年生草本植物，在欧洲、美国和日本很受欢迎。喜温暖、湿润、通风良好的栽培环境；对光照、温度、水分及肥料要求比较严格；是一种定量型短日照植物；可以周年栽培。

吸毒功能

丽格海棠能吸收空气中的甲醛、二氧化氮，是有效的"空气净化器"；当遇到臭氧等有害气体时，叶片会出现黄色斑点，是有毒气体的"预报器"。

养护要点

1.平时给丽格海棠浇水要根据气候条件而定，一般夏天蒸发快，需水量相对较多，浇水宜在早晨或傍晚，浇水次数视盆土湿润程度而定；冬季浇水尽量选择晴天中午，水温应与室温相近。

2.在养护丽格海棠的过程中，定期施肥尤其重要。对小苗用肥以氮肥为主，促进其生长发育成型；随着植株的生长，应减少氮肥用量，逐渐提高磷钾肥的含量；开花前应加大施肥量，还可适当进行叶面喷肥，叶面肥的浓度不可过大。

3.丽格海棠生长适温为15～22℃。当低于5℃时，会受冻害；低于10℃，生长停滞；超过28℃，生长缓慢；超过32℃，生长停滞。

4.丽格海棠前期生长需要较高的相对空气湿度，应控制在80%～85%之间。在南方，中午应经常向地面洒水以提高空气湿度。北方由于天气比较干燥，温室内加湿是必要的，但须注意在下午太阳落山时要保证叶面不要沾有水珠。形成花蕾后，要注意降低相对湿度，使其维持在55%～65%的水平。

5.在生长期间要进行摘心，促使植株萌发侧枝，以使株型丰满。此外，应及时去除多余的花蕾，以免造成养分的大量消耗而影响其他花朵的发育。

美人蕉

Canna indica
Canna, Canna lily

科　名：美人蕉科／Cannaceae
属　名：美人蕉属／Canna
别　名：红艳蕉、兰蕉、
　　　　昙华等

美人蕉枝叶茂盛，花大色艳，花期长，开花时正值火热少花的季节，可大大丰富园林绿化中的色彩和季相变化，使园林景观轮廓清晰，美观自然。盆栽可置于客厅、阳台等处，大气美观。

生长习性

美人蕉为多年生草本植物，原产美洲、印度、马来半岛等热带地区。喜温暖和充足的阳光，不耐寒；盆栽要求土壤疏松、排水良好；生长季节经常施肥；北方需在下霜前将地下块茎挖起，贮藏在温度为5℃左右的环境中。

吸毒功能

美人蕉不但能美化人们的生活，而且能吸收二氧化硫、氯化氢、二氧化碳等有害物质。花谚说，"美人蕉抗性强，二氧化硫它能降"。此外，它的叶片易受害，反应敏感，所以被人们称为监视有害气体的监测器。

养护要点

1. 美人蕉喜肥耐湿，盆土要用腐叶土、园土、泥炭土、山泥等富含有机质的土壤混合拌匀配制，并施入豆饼、骨粉等有机肥作基肥。

2. 分栽后第一次浇水要透，以后要经常保持盆土湿润。待其长出5～6片叶子时，每隔10～15天需施一次液肥，液肥可用腐熟的稀薄豆饼水，并加入适量硫酸亚铁；也可用复合化肥溶液，浓度宜偏淡一些，一般以0.3%左右为宜。开花时应停止施肥。

3. 开花期间，应将花盆移至阴凉处，有利于延长开花期。花谢以后，应及时将花茎剪除，以促使其植株萌发新芽，长出花枝，继续开花。

4. 盆土应经常保持湿润，如盆土过分干燥，会出现叶缘、叶尖干枯，叶片发黄等症状。在炎热夏季，如浇水过凉，也会引起叶缘枯焦。气温超过40℃时，应移至阴凉通风处，否则闷热会引起叶缘焦枯、叶子发黄等症状。

雏菊

Bellis perennis

Daisy, English daisy

科　名：菊科/Compositae

属　名：雏菊属/Bellis

别　名：延命菊、春菊、小雅菊、
玻璃菊、马兰头花

价值用途

雏菊外观古朴，花朵娇小玲珑，色彩和谐，花期长，早春开花，具有君子的风度和天真烂漫的风采，盆栽可置于几案、窗台上，优美别致，生机盎然。

生长习性

雏菊是多年生草本植物，常秋播作二年生植物栽培，原产欧洲和地中海区域。喜冷凉湿润，耐寒而不耐酷热；能适应一般园土，肥沃、富含腐殖质的土壤最为适宜；耐移植，移植可促使发根。

吸毒功能

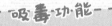

花谚说，"雏菊万年青，除污打先锋"，雏菊可有效地去除三氟乙烯的污染，净化室内空气。

养护要点

1.9月初播种，待有5～6片叶时上盆定植。最好使用疏松、肥沃、排水好的壤土，移栽时注意遮阴。移栽成活后放置于光照充足处培养，保证水分供应即可。

2.春季不施肥，尤其是不能施氮肥。秋季生长过旺，抗寒性下降，冬季易遭受冻害。为增加其抗寒能力，秋末气温下降后应让其在室外自然环境中接受寒冷锻炼，下霜前移入有光照的室内或封闭阳台内培养。

3.雏菊较耐寒，冬季应放在有光照的封闭阳台内，保持土壤湿润。如阳台气温较高，适合雏菊生长，可适当施肥，花期会提前。

4.春季气温稳定在10℃以上时，即可保持土壤的湿润，适当施肥。

5.将秋播的雏菊放置在10～15℃的环境下栽种，可将花期提前到元旦。春播可使花期后延至夏秋开花。

瓜叶菊

Pericallis hybrida
Florists cineraria

科　名：菊科／Asteraceae
属　名：瓜叶菊属／*Pericallis*
别　名：千日莲、千叶莲

瓜叶菊是冬春时节主要的观花植物之一，其花朵鲜艳，可作花坛栽植，或盆栽布置于庭廊过道，给人以清新宜人的感觉。

生长习性

瓜叶菊为多年生草本植物，常作一二年生植物栽培，原产非洲的加那利群岛，后经英国杂交选育，现世界各地均有栽培。喜温暖、湿润、光照充足的环境；夏季畏炎热，怕阳光直射，冬季畏严寒；喜疏松肥沃、排水良好的沙质壤土。

吸毒功能

瓜叶菊能有效清除空气中的一氧化碳、氨气等有害气体，堪称居住环境的"清洁工"。

养护要点

1.瓜叶菊喜肥沃、疏松、排水良好的酸性沙质土壤。盆土可用园土4份、腐叶土2份、堆肥土2份和河沙2份混合配制，并加入饼肥和过磷酸钙基肥。

2.瓜叶菊属短日照喜光花卉，每日宜8小时的日照，夏季忌烈日直射，否则会使叶尖枯黄；冬季多雪天，应防止光照不足。

3.瓜叶菊在温度超过15℃时即发生徒长，宜将温度控制在7～10℃之间，同时常开窗换气，创造凉爽小气候。

4.在栽培期间，除应保持盆土润而不渍外，还应以0.1％的尿素喷施叶面，使叶子鲜绿润泽，盆土爽气。栽培养护期间，可每7～10天浇一次以有机肥为主的稀薄香麻渣肥液。栽后100天左右，再结合叶面喷水，每10～15天喷施磷酸二氢钾薄肥液一次，可促花芽分化，花大色艳。

5.瓜叶菊基部3～4节发生的侧芽应随时抹去，以减少养分消耗和避免枝叶过于拥塞，从而集中更多的养分供给上部花枝生长，以利于花多、花大色艳。

蔷薇

Rosa multiflora
Rose

科　名：蔷薇科/Rosaceae
属　名：蔷薇属/Rosa
别　名：野蔷薇

价值用途

吸毒功能：蔷薇可吸收硫化氢、苯、苯酚、乙醚等有害气体，建议新装修的居室摆放。花谚说，"月季蔷薇肚量大，吞进毒气能消化"。

生长习性

蔷薇为落叶灌木，广泛分布亚、欧、北非、北美各洲寒温带至亚热带地区。喜阳光，亦耐半阴，较耐寒；对土壤要求不严，耐干旱，耐瘠薄，栽植在土层深厚、疏松、肥沃湿润而又排水通畅的土壤中则生长更好；不耐水湿，忌积水；萌蘖性强，耐修剪，抗污染。

吸毒功能

蔷薇可吸收硫化氢、苯、苯酚、乙醚等有害气体，建议新装修的居室摆放。花谚说，"月季蔷薇肚量大，吞进毒气能消化"。

养护要点

1.蔷薇喜润而怕湿忌涝，从萌芽到开花前，水可适当多浇点儿，以土润而不渍水为度，花后浇水不可过多，土要见干见湿，雨季要注意排水防涝。

2.蔷薇喜肥，亦耐贫瘠，3月可施1～2次以氮为主的液肥，促长枝叶，4月、5月施2～3次以磷钾为主的肥料，促其多孕蕾多开花，花后再施一次复壮肥后可不再施肥。

3.蔷薇系阳性花卉，它喜温暖，亦耐寒，华北及其以南地区皆可在室外安全越冬。

4.蔷薇萌芽力强，生长繁茂，如不及时修剪，在闷热、潮湿、光照不足、通风不良的条件下，易发生病虫害，因此花后要进行一次修剪。

5.花后修剪时，可选当年生半木质化的健壮枝条扦插，放置半阴处，成活后翌春移栽定植，也可于早春萌芽前，将根部萌蘖的子株带根切下另栽。还可在生长期将蔓生枝条压入土中，生根后切断另栽即可。

水仙

Narcissus
Chinese narsissus

科　名：石蒜科/Amaryllidaceae
属　名：水仙属/*Narcissus*
别　名：凌波仙子、金盏银台等

水仙为我国十大名花之一。水仙的根如银丝，纤尘不染；水仙的叶，碧绿葱翠传神；水仙的花，有如金盏银台，清秀美丽，洁白可爱，清香馥郁，且花期长，具有较高的观赏价值。将其摆放在案几、窗台上，高雅绝俗，婀娜多姿。

生长习性

水仙为具有地下鳞茎的多年生草本植物，主要分布于中国东南沿海温暖、湿润地区。性喜温暖、湿润、排水良好；以疏松肥沃、土层深厚的冲积沙壤土为宜；性喜阳光、温暖。

吸毒功能

水仙花对空气中的污染物如二氧化硫、一氧化碳、二氧化碳有很强的抗性，具有较好的净化空气的功能。

养护要点

1.水仙可盆栽或水养，一般家庭多用水养。水养方法如下：将选购来的水仙鳞茎剥去外皮，去掉根部的护泥和枯根，然后用小刀剥去鳞茎上部3至4层外表皮，使其间的花芽露出，注意剥取时不要损伤花芽。再将鳞茎放入清水中浸泡一夜，第二天擦去切口流出的黏液，直立放入水仙浅盆中，加水淹没鳞茎1/3。盆中可用石英砂、鹅卵石等将鳞茎固定。

2.白天水仙盆要放置在阳光充足的地方，晚上移入室内，并将盆内的水倒掉，以控制叶片徒长。次日早晨再加入清水，注意不要移动鳞茎的方向。刚上盆时，水仙可每日换一次水，以后每2～3天换一次，花苞形成后，每周换一次水。

3.水仙在10～15℃环境下生长良好，约45天即可开花，花期可保持月余。

4.水仙水养期间，特别要给予充足的光照，白天要放在向阳处，晚间可放在灯光下。这样可防止水仙茎叶徒长，而使水仙叶短宽厚、茁壮，叶色浓绿，花开香浓。

5.水养水仙，一般不需要施肥，如有条件，在开花期间稍施一些速效磷肥，花可开得更好。

居家健康植物之观叶植物

亮丝草 '黑美人'

Aglaonema commutatum 'San Remo'
Chinese evergreen

科　名：天南星科／ Araceae
属　名：广东万年青属/Aglaonema
别　名：斜纹粗肋草、弹簧草、
　　　　斜纹亮丝草

价值用途

亮丝草'黑美人'叶色独特、四季常青、极耐阴、栽培容易，是优良的室内观叶植物，常盆栽或植于篮中作室内陈列。

生长习性

亮丝草'黑美人'为多年生草本植物，原产我国南部、马来西亚和菲律宾等地，生长适温为20～32℃，冬季极限温度在10℃以上，短暂的低温会使其受到寒害，导致茎叶腐烂；空气湿度保持在50％～60％之间最为理想；喜欢阴湿的环境；土壤宜微酸性，宜用园土与腐叶土混合配制。

吸毒功能

'黑美人'能净化空气，可大量吸收甲醛、氨气、苯等有害气体。相关实验表明，'黑美人'每平方米叶片每分钟可吸收甲醛约1.9微克，对甲醛的净化率约为90.5％。

养护要点

1.栽培土质以排水良好的腐叶土或沙质壤土为佳。

2.栽培处宜荫蔽，忌强烈日光直射。空气干燥时，叶片发黄并失去光泽。

3.夏季高温，应加强通风，叶片应经常喷水，冬季应减少灌水。

4.如果茎秆出现了枯黄老叶，应及时剪除。

5.每半个月施肥一次，以氮肥和钾肥为主，要注意补给镁和铜元素，这样能让叶片更亮更健康。

亮丝草‘银后’

Aglaonema commutatum ‘Silver Queen’
Silver king evergreen, Philippines evergreen

科　名：天南星科/Araceae
属　名：广东万年青属/*Aglaonema*
别　名：银后粗肋草、
　　　　银后万年青

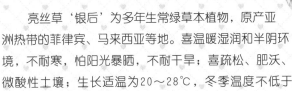

价值用途

　　亮丝草'银后'叶片秀丽、四季常青、株型优美、又耐阴、栽培容易，是优良的室内栽培观叶植物，盆栽置于厅室，观赏效果极佳。

生长习性

　　亮丝草'银后'为多年生常绿草本植物，原产亚洲热带的菲律宾、马来西亚等地。喜温暖湿润和半阴环境，不耐寒，怕阳光暴晒，不耐干旱；喜疏松、肥沃、微酸性土壤；生长适温为20～28℃，冬季温度不低于12℃。

吸毒功能

　　'银后'以其独特的空气净化能力著称，对空气中的污染物苯有着较高的净化能力。相关实验表明，'银后'每平方米叶片每分钟可吸收苯171.9微克，对苯的净化率为26.2%。

养护要点

　　1.盆栽用疏松的泥炭土、草炭土最佳，亦可用腐叶土、沙质壤土混合。

　　2.春秋生长旺季，浇水要充足，盆土应保持湿润，并经常用与室温相近的清水喷洒枝叶，以防干尖，但不能积水。

　　3.生长旺季每两周施肥一次，以氮肥和钾肥为主，并要注意补给镁和铜等微量元素。冬季浇水要少，停止追肥。

　　4.夏季在室外栽培要注意遮阴，不使光线过强，否则极易发生日灼。冬季室内越冬时注意采光，防止光线不足导致叶色变淡。

　　5.'银后'喜温暖湿润的气候，不耐寒，在20～24℃时生长最快，30℃以上停止生长，叶片易发黄干尖。因此，夏季应防暑降温、注意通风，冬季应入棚室栽培，越冬温度以10℃为宜，不要低于5℃。

海芋

Alocasia macrorrhiza
Giant elephant ear

科　名：天南星科／Araceae
属　名：海芋属／*Alocasia*
别　名：野芋、天芋、观音芋、
　　　　滴水观音等

价值用途

海芋植株挺拔洒脱，简单清纯，叶色翠绿发亮，适应性很强，被广泛作为室内观赏植物栽培，常置于大厅装饰。

生长习性

海芋属多年生常绿草本植物，原产华南、西南及台湾，东南亚有分布，现广为栽培。性喜高温多湿的半阴环境，畏夏季烈日，怕寒冷；对土壤要求不严，但肥沃、疏松、有丰富腐殖质的沙质土壤有利于块茎生长。

吸毒功能

海芋能吸收空气中的苯等有害物质，具有净化空气的功能，并且能够吸滞尘埃、增加空气湿度和负离子的含量。相关实验表明，海芋每平方米叶片每分钟可吸收苯82.1微克，对苯的净化率为22.0%。

养护要点

1.盆土应选用腐叶土、泥炭土和粗沙混合配制。每年早春或者秋季需要换一次盆，在盆底垫放一层粗沙等作为排水层，加强排水功能。

2.保持盆土湿润，要防止水分过多过湿或盆中积水，以免引起块根腐烂。

3.海芋生长适温为19～25℃，冬季室温要保持在8℃以上，温度过低容易受冻害，12℃以上可正常生长。

4.生长季节除6～9月要遮阴外，其他时间都应给予充足光照。

5.生长季节每月需要施1～2次以氮肥为主的稀薄液肥，越冬期间应停止施肥。

南洋杉

Araucaria cunninghamia
Hoop pine, Moreton bay pine

科　名：南洋杉科／Araucariaceae
属　名：南洋杉属／*Araucaria*
别　名：尖叶南洋杉、花旗杉、
　　　　塔形南洋杉等

价值用途

南洋杉树型高大，姿态优美，为世界五大公园树种之一，还是珍贵的室内盆栽装饰树种，用于厅堂等较大室内环境的点缀装饰，高雅脱俗。

生长习性

南洋杉是常绿大乔木，原产澳大利亚。性喜温暖潮湿的环境，不耐干燥及寒冷；喜肥沃、排水良好的沙壤土，较耐风；生长迅速，再生能力强，适宜的生长温度为10～25℃，冬季最低温度应保持在5℃以上。

吸毒功能

除了能美化居室外，南洋杉还能净化空气，对苯的净化能力超强。相关实验表明，南洋杉每平方米叶片每分钟可吸收苯108.3微克，对苯的净化率为25.0%。

养护要点

1.盆栽南洋杉宜用腐叶土、草炭土、纯净河沙及少量腐熟的有机肥混合配制。盆土以3份壤土、1份腐叶土、1份粗沙和少量草木灰混合为好。

2.南洋杉喜光，需全日照，但盆栽忌夏日强光直晒，夏季应置于半阴处。但长期置于寒冷、阴暗的地方，植株会长得又细又高。

3.平时浇水要适度，生长季节勤浇水，每周浇2～3次。随着苗木的生长，浇水次数应减少，经常保持盆土及周围环境湿润，严防干旱和渍涝。高温干旱时节，应常向叶面及周围环境喷水或喷雾，增加空气湿度，保持土壤湿润。

4.自春季新芽萌发开始，每月追施1～2次腐熟的稀薄有机液肥和钙肥，可保持株型优美、叶色油润。

5.南洋杉喜欢湿润或半干燥的气候环境，要求生长环境的空气相对湿度在50%～70%之间，空气相对湿度过低会导致下部叶片黄化、脱落，上部叶片无光泽。

竹芋'孔雀'

Calathea makoyana
Peacock plant

科　名：竹芋科/Marantaceae
属　名：肖竹芋属/*Calathea*
别　名：蓝花蕉、五色葛郁金

价值用途

竹芋'孔雀'生长茂盛，耐阴能力强，叶片上的色块犹如开屏的孔雀，清新、华丽、美丽动人，是优良的室内盆栽观叶植物，观赏效果极佳。

生长习性

竹芋'孔雀'为多年生常绿草本植物，原产热带美洲及印度洋的岛屿。性喜高温多湿环境，不耐寒，耐阴性强，不耐直射阳光；喜疏松、肥沃、富含腐殖质、排水良好的微酸性培养土。

吸毒功能

竹芋'孔雀'对甲醛有着良好的净化效果，对其他有害气体也有一定的吸收能力。相关实验表明，竹芋'孔雀'每平方米叶片每分钟可吸收甲醛约0.2毫克，对甲醛的净化率约为72.4%。

养护要点

1.竹芋'孔雀'生长适温为18～25℃，超过35℃或低于7℃就会生长不良。冬季一定要注意防寒保温，室温宜保持在13℃以上。

2.生长季节应充分浇水，保持土壤湿润，但不能积水。

3.春夏两季生长旺盛，需较高空气湿度，可进行喷雾，最适空气湿度为70%～80%，发新叶时湿度要求更高。

4.光照过强或空气干燥容易造成叶缘叶尖枯焦、叶面斑纹暗淡无光，栽培时避免烈日直射，应给予一定程度的遮阴。但若长时期放在阴暗室内，温度低、光照不足，也会长势衰弱，叶面失去特有的金属光泽。

5.竹芋'孔雀'为浅根性植物，栽培容器宜选用大口浅盆，有利于根系舒展。为保持叶色清新，应用清水轻轻擦洗叶片。生长旺季，每半个月施一次稀薄液肥，氮、磷、钾三种肥料的施用比例应为1：1：1，可使叶片光泽美丽。

竹芋'青苹果'

Calathea rotundifolia 'Fasciata'

科　名：竹芋科／Marantaceae
属　名：肖竹芋属／*Calathea*
别　名：圆叶竹芋

竹芋'青苹果'形态优美、华丽高贵、叶形浑圆、叶质丰腴、叶色青翠、银灰色条纹排列整齐，惹人喜爱。其耐阴性强，是极好的室内盆栽观叶植物，可用于布置客厅、书房、卧室等，清雅别致。

生长习性

竹芋'青苹果'为多年生常绿草本植物，原产于巴西等美洲热带地区。性喜高温多湿的半阴环境，畏寒冷，忌强光；生长适温为18～28℃；要求空气相对湿度较高，忌盆土和环境干燥；栽培宜用疏松肥沃、排水良好、富含有机质的酸性腐叶土和泥炭土。

吸毒功能

竹芋'青苹果'是吸收甲醛的好手。相关实验表明，'青苹果'每平方米叶片每分钟可吸收甲醛约2.3微克，对甲醛的净化率约为82.1%。

养护要点

1. 盆土宜用腐叶土、腐熟有机肥料，及河沙或锯末等混合配成。

2. 夏季气温超过25℃时，要通过搭棚遮阴、环境喷水等措施，为其创造一个凉爽通风、湿润半阴的环境，否则叶片颜色苍白，甚至引起灼伤。越冬温度在10℃以上，以防冻害。

3. 生长季节每天浇水一次，同时应加强叶片喷雾，使空气相对湿度保持在80%～90%之间。冬季气温低时，应严格控制浇水，以防根茎腐烂。

4. 竹芋'青苹果'喜半阴，忌强光暴晒。自仲春到仲秋，要求遮阴，阳光过强，易招致叶色苍白干涩，甚至叶片会出现严重的灼伤。但光线又不能过弱，否则会导致叶质变薄而暗淡无光泽，失去应有的鲜活美感。所以，冬季摆放于室内的盆栽植株应补充光照。

5. 在生长期间，可每周浇施稀薄有机肥一次。进入夏季后，当气温高于32℃时，应停止施肥。秋末冬初，若室内温度低于18℃，也应停止一切形式的追施，否则易引起肥害烂根。

吊兰

Chlorophytum comosum
Spider plant

科　名：百合科/Liliaceae
属　名：吊兰属/*Chlorophytum*
别　名：钓兰、挂兰、
　　　　折鹤兰等

价值用途

吊兰叶丛秀美，是极为常见的室内盆栽观叶植物，可置于架上、橱柜顶部，或悬挂于廊下和阳台等处，作为悬垂盆栽植物观赏。

生长习性

吊兰为多年生常绿宿根草本植物，原产非洲南部，现在世界各地广为栽培。喜温暖湿润和半阴环境；适应性强，较耐旱，不耐寒，耐弱光；生长适温为15～25℃；喜排水良好、疏松肥沃的沙质土壤。

吸毒功能

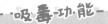

吊兰是天然的空气净化器，净化空气的功效很高，吸收甲醛的能力超强。相关实验表明，吊兰每平方米叶片每分钟可吸收甲醛约1.1微克，对甲醛的净化率约为95.3%。

养护要点

1.盆栽常用腐叶土或泥炭土、园土和河沙等量混合并加少量基肥作为基质。

2.对光线要求不严，一般适宜在中等光线条件下生长，但长时间光照不足，则叶为浅绿色或黄绿色；光线过强，叶枯黄，甚至死亡。

3.吊兰在生长适温下生长最快，也易抽生葡萄茎。30℃以上停止生长，叶片常常发黄干尖。冬季室温保持在12℃以上，植株可正常生长，并有利于开花。若温度过低，则生长迟缓或休眠。低于5℃，则易发生寒害。

4.生长期每隔两周施加一次稀薄液肥，肥料以氮肥为主，但金心和金边品种不宜施过量氮肥，否则叶片条斑会变得不明显。施肥时要把叶片撩起，避免沾污叶片，否则容易伤害嫩叶和叶尖，每次施肥后最好用清水喷洒清洗叶面。

5.吊兰喜湿润，其肉质根贮水组织发达，抗旱力较强，但3月至9月生长旺期需水量较大，要经常浇水及向叶面喷雾，以增加湿度；秋后逐渐减少浇水量，以提高植株抗寒能力。夏天每天早晚应各浇水一次，春秋季每天浇水一次，冬季禁忌湿润，可每隔4～5天浇水一次，浇水量也不宜过多。

佛手

Citrus medica var. *sarcodactylis*
Finger citron, Fingered citron

科　名：芸香科/Rutaceae
属　名：柑橘属/*Citrus*
别　名：九爪木、五指橘、
　　　　佛手柑

价值用途

佛手叶色苍翠，四季常青，果实形态奇特多变、香气馥郁持久、色泽金黄靓丽、妙趣横生，是形、色、香俱佳的盆栽植物，具有很高的观赏价值。

生长习性

佛手为常绿灌木或小乔木，原产亚洲热带，印度、缅甸以及地中海地区，我国云南、贵州、广西、广东、四川、湖南和福建等地广为栽培。喜光照和温暖的气候以及通气、排水良好的土壤，但在黏土及潮湿环境也能生长。

吸毒功能

佛手是人们净化空气的好帮手，能有效吸收苯等有害物质。相关实验表明，佛手每平方米叶片每分钟可吸收苯93.5微克，对苯的净化率为37%。

养护要点

1.用腐殖土、田园土和河沙按照2∶2∶1的比例，加少量氮磷钾复合肥搅匀配成盆土。

2.浇水是管好佛手的关键，由于其根系浅生，吸收能力较弱，故需注意勤浇水。它的生长旺盛期正处夏季高温，需水量较大，除早、晚浇水外，还需进行喷水增加环境湿度。入秋后，浇水量可逐渐减少。冬末春初低温期，室内蒸发慢，可隔三五天，上午浇水一次，保持盆土湿润即可。当其处于开花、结果初期，浇水不宜过多，以防大量落花落果。

3.佛手喜肥，春季抽生新梢时期，施肥宜淡，宜结合浇水每周薄施一次氮肥；夏季是佛手生长的旺盛期，需肥量大，肥度亦相应加浓，肥料以枯饼、骨粉、腐熟动物内脏液或复合肥等磷、钾肥为主；初秋至仲秋期间，应施磷、钾、钙复合肥，有益于提高座果率；深秋，采摘果实后应及时追施磷、钾肥，使植株得以大量补充营养，恢复长势，为翌年开花结果奠定基础。

4.佛手在4～6月初开的花，多属上年秋梢上开的单性花，不能结果，应全部摘除；6月底前后在当年春梢上开的花，多为两性花，能结果，每个短枝可留1至2朵，其余疏除，以促其长成大果。在开花结果期间，还应注意将干枝上萌生的新芽抹除，以防发生落果。

5.冬季气温低，宜将佛手移至向阳处增温，以免被冻伤。

彩叶草

Coleus blumei
Skullcaplike coleus

科　名：唇形科/Labiatae
属　名：鞘蕊花属/*Coleus*
别　名：彩叶草、五彩苏、
　　　　锦紫苏

彩叶草叶色娇艳美丽，常置于窗台、室内盆栽观赏，是常见的优良小型盆栽观叶植物。

吸毒功能

经研究表明彩叶草能净化空气，是苯的克星。相关实验表明，每平方米叶片每分钟可吸收苯125.5微克，对苯的净化率为33.7%。

养护要点

1.彩叶草喜富含腐殖质、排水良好的沙质壤土。

2.盆栽时，施以骨粉或复合肥作基肥，生长期每隔10～15天施一次有机液肥，盛夏时节停止施用。

3.幼苗期应多次摘心，以促发侧枝，使之株形饱满。花后，可保留下部分枝2～3节，其余部分剪去，重发新枝。

4.彩叶草生长适温在20℃

生长习性

彩叶草为多年生草本或亚灌木，常作为一二年生植物栽培。原产印度尼西亚，现在世界各地均有栽培。喜温暖湿润和阳光充足的环境，不耐寒；要求土壤疏松肥沃，能耐弱碱土。

左右，寒露前后移至室内，冬季室温不宜低于10℃，此时浇水应做到见干见湿，保持盆土湿润即可，否则易烂根。

5.生长期要求有充足光照，以使叶色鲜艳，但夏天高温要求半阴环境。

燕子掌

Crassula portulacea
Jade plant

科　名：景天科/Crassulaceae
属　名：青锁龙属/Crassula
别　名：玉树、景天树、八宝、
　　　　肉质万年青等

价值用途

燕子掌株型挺拔庄重、茎叶碧绿、叶形奇特、清秀典雅，多置于阳台、室内装饰，是极好的室内观叶植物。

生长习性

燕子掌为常绿多浆灌木，原产非洲南部。喜温暖、干燥、阳光充足和通风良好的环境；性强健，不耐寒，怕强光，稍耐阴，散射光条件下生长良好；土壤以肥沃、排水良好的沙壤土为宜，忌土壤过湿。

吸毒功能

燕子掌对空气中的苯和甲醛都有很强的净化能力。相关实验表明，燕子掌每平方米叶片每分钟可吸收苯513.53微克，对苯的净化率为67.9%；每平方米叶片每分钟可吸收甲醛约2.3微克，对甲醛的净化率约为59.4%。

养护要点

1. 盆栽燕子掌，宜选用2/3的腐叶土和1/3的园土混合，并加入少量河沙作为培养土，盆底可放少许蹄片等长效肥料作基肥。为利于排水，盆底还要垫一些碎石或瓦片。

2. 从春季到秋季，可1～2天浇水一次，忌盆内积水。夏季气高达30℃以上时，植株处于休眠或半休眠状态，要控制浇水，同时还应做好遮阴降温工作，可每日向盆周围的地面喷水2～3次，并注意通风。进入冬季，应适当减少浇水次数，保持盆土稍干燥。

3. 一般不施肥，若长势过弱，可追加一些含钾的液肥，或生长季节每月追加一次稀薄的腐熟饼肥水。

4. 燕子掌生长适温为15～25℃，越冬温度宜保持7℃以上，低于5℃易受冻害。

5. 夏季酷暑和强烈日光对植株生长不利。冬季宜将花盆移至棚内向阳处，使其保持叶片青绿。一般1～2年换盆一次，土壤需疏松肥沃、排水性良好。

大花蕙兰

Cymbidium

科　名：兰科/Orchidaceae
属　名：兰属/Cymbidium
别　名：虎头兰、喜姆比兰、
　　　　蝉兰

价值用途

大花蕙兰株型整齐挺拔，叶片浓绿有光泽，花色雅致而清香，生命力强，病虫害少，较易栽培，是优良的室内赏花观叶植物。

生长习性

大花蕙兰为常绿多年生附生草本植物，目前在我国普遍栽培。喜高温高湿，喜阳光，能耐阴；生长较强劲，要求微酸性疏松的栽培基质。

吸毒功能

大花蕙兰能吸收空气中的苯，具有良好的净化空气的功能。相关实验表明，大花蕙兰每平方米叶片每分钟可吸收苯148.1微克，对苯的净化率为65.6%。

养护要点

1.生长习性介于地生兰与气生兰之间，栽培时应置于阳光充足的室内或阳台，一般情况下不用遮阳，但应避免夏季强光暴晒。

2.采用兰盆种植为好，盆下部1/3用砖头粒或煤渣块作基质，有利于透气排水；放上兰株后，用粗河沙、煤渣粒和极少量腐殖土混合基质填充，最上层覆盖一层树皮或火山石。栽植时不宜过深，芽应露出基质。

3.注意保持基质湿润，并防止积水，保持空气湿度和叶面清洁。

4.大花蕙兰生长速度较快，因此需要的营养较多，生长期除施用磷酸二氢钾或尿素等化学肥料外，还应补充微量元素，亦可施用兰花专用肥或多种复合肥。

大王黛粉叶

Dieffenbachia amoena
Dumb cane

科　名：天南星科／Araceae
属　名：黛粉叶属／*Dieffenbachia*
别　名：大王万年青、巨花叶万年青

大王黛粉叶生长强健、叶色翠绿、斑点斑纹多变化，但花而不乱，清雅别致，且耐阴性强，栽培管理容易，是优良的盆栽观叶植物。

生长习性

大王黛粉叶为多年生常绿亚灌木状草本植物，原产南美的哥伦比亚、哥斯达黎加、巴西等地。喜高温、高湿及半阴环境；怕干旱，耐阴，忌强光直射；喜疏松肥沃、排水良好的微酸性土壤；生长适温为18~28℃。

吸毒功能

大王黛粉叶吸收一氧化碳、二氧化硫、苯等有害气体的能力比较强，净化空气的效果良好。相关实验表明，大王黛粉叶'六月雪'每平方米叶片每分钟可吸收苯14.4微克，对苯的净化率为39.7%。

养护要点

1. 生长旺盛时期注意施肥，每两周施一次复合肥，以促进植株迅速生长。氮肥过多则叶面花纹变暗淡。

2. 避开夏季强烈的直射阳光，但不要长期置于光线较暗处，这会导致叶片褪色，降低观赏价值。

3. 大王黛粉叶不耐寒，8℃以下低温易引起叶片受冻伤，10℃以上可安全越冬。

4. 大王黛粉叶不耐干旱，生长期应充分灌水，经常向叶片喷水，以保持空气湿度，并注意通风。

5. 大王黛粉叶生长较快，每年春季要更换一次大一号的盆。盆土可选用泥炭土加园土，再放入少量长效颗粒作基肥。

缟叶竹蕉

Dracaena deremensis
Roehrs gold

科　名：百合科/Liliaceae
属　名：龙血树属/*Dracaena*
别　名：金边竹蕉

价值用途

缟叶竹蕉植株高大挺拔，叶片碧绿剑形、光亮、条纹美丽，富有热带风韵，多布置会场、客厅、大堂或点缀居室的窗台、书房和卧室，端庄素雅，充满自然情趣。

生长习性

缟叶竹蕉为多年生常绿灌木或乔木，原产非洲西南部、南美洲。喜高温多湿和阳光充足、通风良好的环境，不耐寒；对光照的适应性较强，在阳光充足或半阴环境下，茎叶均能正常生长发育；土壤以肥沃、疏松和排水良好的沙质壤土为宜。

吸毒功能

缟叶竹蕉可有效净化空气，是苯的克星。相关实验表明，缟叶竹蕉每平方米叶片每分钟可吸收苯259.5微克，对苯的净化率为36.5%。

养护要点

1.盆栽以腐叶土、培养土和粗沙的混合土为好。

2.生长适温为18~30℃，冬季温度低于13℃进入休眠，5℃以下植株受冻害。温度过低时，植株会停止生长，且叶尖和叶缘会出现黄褐斑。

3.较耐阴，在明亮的散射光处生长良好，夏季要避免直射光，宜置于阴凉处。

4.生长旺盛期应注意浇水，保持盆土湿润，还要经常向叶片喷水，以提高周围环境的湿度，但不要使盆土积水，以防通风不良而引起烂根。秋末后宜控制浇水量，保持盆土微湿即可。冬季要控制浇水，放在室内阳光充足处，保持空气湿度，防止发生叶尖枯焦现象。及时剪除叶丛下部老化枯萎的叶片。

5.生长旺盛期，每月施液肥或颗粒复合肥一次或两次，以保证枝叶生长旺盛。适当降低氮肥比例，以免引起徒长并导致叶片斑纹不明显，影响观赏效果。秋末除控制浇水量外，还应喷施磷肥和钾肥，可提高植株冬季抗寒越冬能力。冬季要停止施肥。

绿萝

cindapsus aureus
Devil's ivy, Pothos

科　名：天南星科／Araceae
属　名：绿萝属／*Epipremnum*
别　名：魔鬼藤、石柑子、
　　　　黄金葛等

价值用途

绿萝是优良的室内盆栽观叶植物，其叶片色泽艳丽悦目，茎缠绕性强，气生根发达，既可让其攀附于用棕扎成的圆柱上，摆在门厅、宾馆；又可培养成悬垂状，置于书房、窗台。

生长习性

绿萝为多年生常绿藤本植物，原产所罗门群岛，在热带地区常攀援生长在岩石和树干上，我国南方各地常见栽培。性喜高温、多湿、半阴的环境，不耐寒冷；要求土壤疏松、肥沃、排水良好；对温度敏感，适生温度为15～25℃。

吸毒功能

绿萝具有改善空气质量、消除有害物质的功能，可以帮助不经常开窗通风的房间改善空气质量。相关实验表明，绿萝每平方米叶片每分钟可吸收苯119.1微克，对苯的净化率为27.7%；每平方米叶片每分钟可吸收甲醛约1.7微克，对甲醛的净化率约为76.6%。

养护要点

1.绿萝极耐阴，在室内向阳处可四季摆放，在光线较暗的室内，应每半个月移至光线强的环境中恢复一段时间，否则易使节间增长，叶片变小。

2.绿萝喜湿热的环境，越冬温度不应低于15℃。

3.盆土要保持湿润，应经常向叶面喷水，提高空气湿度，以利于气生根的生长。

4.盆栽绿萝应选用偏酸性的肥沃、疏松、排水良好的腐叶土，旺盛生长期可每月浇一次液肥。绿萝还非常适合水培。

5.长期置于室内观赏的植株，其茎秆基部的叶片容易脱落，可在夏初结合扦插进行修剪更新，促使基部茎秆萌发新芽。

垂叶榕

Ficus benjamina
Benjamin fig

科　名：桑科/Moraceae
属　名：榕属/Ficus
别　名：细叶榕、小叶榕、
　　　　垂榕、白榕

价值用途

垂叶榕树形婆娑，枝条柔美，叶片明亮清秀，深受人们喜爱，是近年来广为种植的盆栽品种。

生长习性

垂叶榕为常绿乔木，原产亚洲热带地区，现在分布于我国广东、海南、云南和贵州，越南、马来西亚及印度也有分布。喜温暖湿润和阳光充足的环境，耐贫瘠，抗风耐潮；生长适温为18～30℃；土壤以肥沃疏松的腐叶土、培养土和粗沙的混合土为宜。

吸毒功能

垂叶榕是十分有效的空气净化器，可以吸收甲醛等有害物质。相关实验表明，垂叶榕每平方米叶片每分钟可吸收甲醛约2.2微克，对甲醛的净化率约为83.7%。

养护要点

1.盆栽基质以壤土或沙质壤土为佳，要求排水良好。

2.喜高温多湿环境，冬季需温暖避风，10℃以下易受寒害。

3.垂叶榕属喜光植物，日照充足则生长较为旺盛，但对光照适应性强，对光线要求不严格，夏季适当遮阴，其他时间不需要遮阴。

4.生长旺盛期需充分浇水，并在叶面上多喷水，保持较高的空气湿度，这对垂叶榕新叶的生长十分有利。若盆土缺水干燥，易造成落叶。生长期每两周施肥一次。

5.垂叶榕耐修剪，应经常去除密枝、枯枝，以利于通风透光；在茎叶生长繁茂时及时修剪，促使萌发更多侧枝，达到优美冠型。

金钱榕

Ficus elastica
Green island ficus, Ficus tree,
Banyan fig

科　名：桑科/Moraceae
属　名：榕属/*Ficus*
别　名：圆叶橡皮树

价值用途

金钱榕是近年选育的观赏性极高的榕树品种，叶色翠绿，叶片形似铜钱，具有独特的观赏性，是目前国内外市场上最流行畅销的室内观叶植物品种之一，适合摆放在客厅、阳台等处。

生长习性

金钱榕是榕树的一个变种，为常绿乔木，原产我国浙江南部至广东、广西、云南、海南等地，东南亚和印度也有。喜温暖湿润的环境；需充足阳光，也耐阴；喜酸性土，要求土壤肥沃、排水良好；冬季温度不低于5℃。

吸毒功能

金钱榕能吸收空气中的有毒气体苯。相关实验表明，金钱榕每平方米叶片每分钟可吸收苯1174.6微克，对苯的净化率为31.7%。

养护要点

1. 榕树属阳性树木，应放置在通风透光处，且需要一定的空气湿度。阳光不充足、通风不畅、湿度过低，会使叶片发黄、变干，易导致病虫害发生，直至死亡。

2. 夏季避免阳光直射和暴晒，冬季则放在阳光充足处，且温度要保持在5℃以上。

3. 对水分和湿度敏感，一般生长期每周浇透一次水，并经常向叶面喷水。应注意观察，根据温度、土壤干湿情况和植株生长势等控制浇水量和频次，黏性土壤要少浇水。喷水可使叶面保持清新，有利于增强光合作用。

4. 使用肥沃疏松的有机土，生长期每月施一次复合肥为好。

5. 金钱榕生长较快，每年春季需换盆，增加肥土，并修剪整形。

南天竹

Nandina domestica
Common nandina, Heavenly bamboo

科　名：小檗科／ Berberidaceae
属　名：南天竹属／*Nandina*
别　名：南天竺

南天竹枝干挺拔如竹，羽状复叶开展而秀美，秋冬时节叶色转红，穗状果序上红果累累，鲜艳夺目，观赏效果极佳。

生长习性

南天竹为常绿灌木，原产中国及日本。喜温暖多湿及通风良好的半阴环境；适宜生长温度在20℃左右，较耐寒；喜肥沃、排水良好的沙质土壤或耐微碱性土壤，为钙质土壤指示植物。

吸毒功能

南天竹不仅可观叶、观果，还能净化空气。相关实验表明，南天竹每平方米叶片每分钟可吸收甲醛约1.3微克，对甲醛的净化率约为31.4%。

养护要点

1. 南天竹在半阴、凉爽、湿润处养护则生长最好，强光照射下，茎粗短变暗红，幼叶易灼伤；长时间生长在过分荫蔽的地方则茎细叶长，株丛松散，叶色暗淡，也不利结实，观赏价值降低。

2. 南天竹喜湿润，但怕积水。生长发育期间浇水次数应随天气变化增减，每次都不宜过多。一般春秋季节每天浇水一次，夏季每天浇两次，保持盆土湿润即可。开花时，浇水的时间和水量需保持稳定，防止忽多忽少，忽湿忽干，不然易引起落花落果。冬季植株处于半休眠状态，要控制浇水。

3. 较喜肥，可多施磷肥、钾肥，生长期每月施一次或两次液肥。

4. 盆栽植株观赏几年后，枝叶会老化脱落，应进行整形修剪，促进新枝生长，恢复树冠丰满。

5. 宜于每年早春换盆一次。换盆时，去掉部分陈土和老根，施入基肥，填进新的培养土。

波士顿蕨

Nephrolepis exaltata 'Bastaniensis'
Boston fern

科　名：肾蕨科/Nephrolepidaceae
属　名：肾蕨属/*Nephrolepis*
别　名：波士顿肾蕨

价值用途

波士顿蕨株型潇洒，叶形奇特，四季常青，耐阴，对室内环境适应性强，作盆栽可点缀书桌、茶几、窗台和阳台，也可吊盆悬挂于客厅和书房，为室内外装饰佳品。

生长习性

波士顿蕨为多年生常绿草本植物，原产热带和亚热带地区，我国的福建、广东、台湾、广西、云南、浙江等南方地区都有野生分布。喜温暖湿润和半阴环境；喜明亮的散射光，但也能耐较弱的光照，忌阳光直射；空气湿度一般要求在50%～60%之间；喜疏松肥沃、透气良好、富含腐殖质的中性或微酸性土壤。

吸毒功能

波士顿蕨是植物中对付甲醛的能手，被认为是最有效的"生物净化器"。另外，它还可以净化空气中的苯。相关实验表明，波士顿蕨每平方米叶片每分钟可吸收苯128.3微克，对苯的净化率为35.5%；每平方米叶片每分钟可吸收甲醛约1.8微克，对甲醛的净化率约为87.5%。

养护要点

1.生长适温为15～25℃，冬季温度不低于8℃，能耐短时间0℃的低温，也能耐30℃以上的高温。

2.不定根吸水、保水能力较差，应及时供给水分，保持基质湿润。干燥过久，羽状小叶易发生卷边、焦枯脱落现象。

3.盆栽选用腐叶土、河沙和园土的混合培养土，有条件采用水苔作培养基质则生长更好。每隔一年于春季换一次盆。

4.悬挂栽培需空气湿度更大些，要多喷水，多根外施肥和修剪调整株型，并注意通风。生长期要随时摘除枯叶和黄叶，保持叶片清新翠绿。

5.一般每月施腐熟液肥一次或两次，以保证其正常、旺盛生长。

花叶冷水花

Pilea cadierei
Aluminum plant

科　名：荨麻科/Urticaceae
属　名：冷水花属/*Pilea*
别　名：白斑叶冷水花

花叶冷水花生长强健，容易繁殖，株丛小巧素雅，叶上银白色的凸起斑块纹样十分别致美丽，夏秋时节开黄白色小花，十分清秀。适于装饰书房、卧室，清雅宜人；也可悬吊于窗前，妩媚可爱。

生长习性

花叶冷水花为多年生草本或亚灌木，原产东南亚，多分布于热带地区。喜温暖湿润的气候；怕阳光暴晒，喜散射光；喜疏松、排水良好的土壤；能耐弱碱，较耐水湿，不耐旱。

吸毒功能

花叶冷水花是新兴的抗污观叶植物之一，对甲醛等有害气体具有一定的吸收功能，被称为经济实惠的"天然清新剂"。相关实验表明，花叶冷水花每平方米叶片每分钟可吸收甲醛约1.4微克，对甲醛的净化率约为86.4%。

养护要点

1. 花叶冷水花适应性强，对土壤要求不严，盆栽可以腐叶土、泥炭土为主。

2. 生长旺季需保持盆土潮湿或较高的空气湿度，夏季可经常向叶面及周围环境喷水。

3. 每两周施一次薄肥，避开夏季强光直晒，置于北阳台、窗台或荫蔽处，冬春季少遮光或不遮光。在半阴环境下叶色白绿分明，节间短而紧凑，叶面透亮并有光泽。过于荫蔽的环境下会造成徒长，节间变长，株型松散，不紧凑，则观赏性降低。

4. 生长适温为15～25℃，稍耐寒，冬季室温不低于6℃不会受冻，14℃以上开始生长。

5. 4～9月，每半月施肥一次。

吊竹梅

Zebrina pendula
Inch plant

科　名：亚托槽科/Commelinaceae
属　名：吊竹梅属/*Zebrina*
别　名：吊竹兰、斑叶鸭跖草、
　　　　花叶竹夹菜等

价值用途

吊竹梅生长迅速，枝叶匍匐悬垂，叶色紫、绿、银色相间，清雅别致，适于美化卧室、书房、客厅，装饰效果好，是极佳的垂挂盆栽植物。

生长习性

吊竹梅为多年生宿根草本植物，我国福建、广东、广西等地有栽培。喜温暖湿润和阳光充足的环境，较耐阴，不耐寒，忌强光，耐水湿；适宜肥沃疏松的土壤，也较耐瘠薄，不耐旱，对土壤pH值要求不严。

吸毒功能

吊竹梅能吸收空气中的灰尘以及苯等有害气体。相关实验表明，吊竹梅每平方米叶片每分钟可吸收苯99.8微克，对苯的净化率为31.1%。

养护要点

1.培养土宜选用腐叶土、园土各40％和河沙20％混合配制，生长期间保持盆土湿润，每隔15～20天施一次稀薄液肥或复合化肥。

2.春秋季节宜放在室内靠近南窗附近的地方培养，夏季宜放在室内通风良好具有明亮的散射光处。如长期光照不足，茎叶易徒长，节间变长，开花少或不开花。

3.吊竹梅要求较高的空气湿度，若空气干燥，叶片常易干，叶尖焦枯。因此，生长季节应注意经常向茎叶上喷水，以保持空气湿度。

4.为保持其枝叶丰满，茎长到20～30厘米时，应进行摘心以促使分枝，否则枝条长得细长，影响观赏效果。

5.冬季室温保持在5℃以上，即能安全越冬。越冬期间植株处于休眠状态，需水量少，如果这时浇水过多，盆土长期潮湿，极易引起烂根黄叶。冬季应将其放在朝南的窗台上，使其多见阳光。

心叶蔓绿绒

Philodendron erubescens

科　名：天南星科/Araceae
属　名：喜林芋属/Philodendron
别　名：裂叶喜林芋、
　　　　绿宝石喜林芋

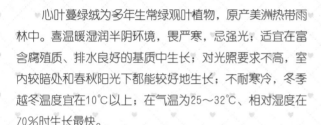

价值用途

心叶蔓绿绒叶片宽大浓绿，株型规整雄厚，富有热带气派。它耐阴性强，极适合室内装饰栽培，常以大中型种植培养，摆设于厅堂、会议室、办公室等处，极为壮观。

生长习性

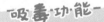

心叶蔓绿绒为多年生常绿观叶植物，原产美洲热带雨林中。喜温暖湿润半阴环境，畏严寒，忌强光；适宜在富含腐殖质、排水良好的基质中生长；对光照要求不高，室内较暗处和春秋阳光下都能较好地生长；不耐寒冷，冬季越冬温度宜在10℃以上；在气温为25～32℃、相对湿度在70%时生长最快。

吸毒功能

1984年，美国国家宇航局的科学家进行了一系列的研究，发现心叶蔓绿绒对甲醛的净化效果非常好。有关资料显示，心叶蔓绿绒通过微张开的叶子气孔，每小时吸收4至6微克对人有害的气体，除了甲醛外，还可以净化三氯乙烯、苯等有害物质。

养护要点

1.盆栽基质以富含腐殖质且排水良好的壤土为佳，一般可用腐叶土1份、园土1份、泥炭土1份和少量河沙及基肥配制而成。

2.种植时可在盆中立柱，在四周种3～5株小苗，让其攀附生长。

3.喜高温多湿环境，须保持盆土湿润，尤其在夏季不能缺水，还要经常向叶面喷水；但要避免盆土积水，否则叶片容易发黄。一般春夏季每天浇水一次，秋季可3～5天浇一次；冬季则应减少浇水量，但不能使盆土完全干燥。

4.生长季要经常注意追肥，一般每月施肥1～2次；秋末及冬季生长缓慢或停止生长，应停止施肥。

5.喜明亮的光线，忌强烈日光照射，一般生长季需遮光50～60%；但它亦可忍耐阴暗室内环境，但长时间光线太弱易引起徒长、节间变长、生长细弱，不利于观赏。

春羽

Philodendron selloum
Lacy tree philodendron

科　名：天南星科／Araceae
属　名：喜林芋属／*philodendron*
别　名：春芋、羽裂喜林芋

价值用途

春羽植株繁盛，叶片大而奇特，叶色翠绿而有光泽，耐阴性比较强，是目前家庭和公共场所应用最普遍的室内观叶植物之一，可盆栽摆放于客厅、大堂等宽敞处，也可水培小株置于案头、窗台等处。

生长习性

春羽为多年生常绿草本植物，原产于南美巴西的热带雨林中。喜温暖湿润且半阴的环境；对光线的要求不严，但不耐长期的荫蔽环境，又惧怕强烈的光照直射；不耐严寒低温，冬季温度最好保持在10℃之上，以防冻害；对水分的要求较高，生长周期中需保持盆土湿润，尤其在夏季高温期不能缺水。

吸毒功能

美国国家宇航局的科学家发现，春羽同样对甲醛具有良好的净化效果。

养护要点

1.春羽喜肥沃、疏松、排水良好的微酸性土壤，家庭栽培可用腐叶土、泥炭土、园土等加少量河沙混合配制而成。视植株长势，2年左右于春季换盆1次。

2.春羽耐阴，不耐寒，忌强光直晒。炎热的夏季应放在背阴处养护，冬季可放于阳光充足处。其生长适温为18～25℃，越冬温度高于8℃为宜。

3.春羽性喜湿润环境，平时可浇些淘米水，生长期注意保持盆土湿润。夏季里，每天可向叶片或花盆四周喷水，保持清新湿润的小气候。冬季气温逐渐降低，应减少浇水次数。

4.春季末期春羽就进入了生长旺期，需要补充以氮肥为主的肥料，使其快速生长，恢复生机。施肥以薄肥勤施为原则，不可一次施足而产生肥害。如能在生长期中用稀薄的淡肥水代替清水浇灌盆土，则生长更加良好。进入秋季后，要控制氮肥的施用量，否则不利于越冬，叶柄也会变长，株形得不到有效控制。冬季温度低于20℃时，就应停止施肥。

木立芦荟

Aloe arborescens

科　名：百合科/Liliaceae
属　名：芦荟属/Aloe
别　名：浓藻花、龙爪菊

价值用途

木立芦荟容易栽种，具有很高的观赏价值和食用价值，也是许多美容产品制作的原材料。

生长习性

木立芦荟是一种草本植物，原产于南非。喜温暖、干燥的半阴环境；不耐寒，畏高温多湿；忌强光暴晒，适合在光线明亮又无直射阳光处生长。

吸毒功能

芦荟被称为"空气污染的报警器"，不但在白天能进行光合作用，放出氧气；在夜间还可以吸收室内的二氧化碳，从而起到净化室内空气的作用。花谚说，"吊兰芦荟是强手，甲醛吓得躲着走"，有关资料显示，在24小时照明的条件下，芦荟可以消灭每立方米空气中所含的90%的甲醛。

养护要点

1.夏季高温时，植株生长缓慢或完全停止生长，宜放在通风凉爽处养护，浇水不必太多，以防因闷热潮湿引起的植株腐烂。

2.春秋季节及初夏是植株生长的旺盛期，保持盆土湿润而不积水，每20天左右施一次腐熟的稀薄液肥或复合肥。

3.冬季放在阳光充足的室内，10℃以上可继续浇水，并酌情施些薄肥，使植株生长；如果节制浇水，植株进入休眠期，也能耐3～5℃的低温。

4.每年春季换盆一次，盆土要求疏松肥沃、具有良好的排水透气性，并含有适量的石灰质。可用腐叶土或泥炭土3份、园土2份、粗沙或蛭石3份，并掺入少量的骨粉等石灰质材料混匀后使用。

5.栽培中如果盆土积水，很容易引起烂根，可将植株从盆中扣出，去掉烂根，晾5～7天后重新栽种。栽后保持盆土稍有潮气，等长出新根后再进行正常的管理。

中斑香龙血树

Araucaria cunninghamia 'Massangeana'
Corn plant

科　名：百合科/Liliaceae
属　名：龙血树属/*Dracaena*
别　名：金心巴西铁

中斑香龙血树植株挺拔、清雅，富有热带情调。几株高低不一的植株组合成大型盆栽，用它布置会场、客厅和大堂，显现端庄素雅，充满自然情趣。小型盆栽或水养植株，点缀居室的窗台、书房和卧室，更显清丽、高雅。

生 长 习 性

中斑香龙血树为常绿灌木或乔木，原产非洲。喜高温多湿和阳光充足环境；生长适温为18～24℃，冬季温度低于13℃进入休眠，5℃以下植株受冻害；喜湿，怕涝；对光照的适应性较强，在阳光充足或半阴情况下，茎叶均能正常生长发育，但斑叶种类长期在低光照条件下，色彩变浅或消失；土壤以肥沃、疏松和排水良好的沙质壤土为宜。

吸毒功能

中斑香龙血树可以清除空气中的有害物质，尤其对甲醛具有很好的净化效果。还能够吸收二氧化碳，同时释放出氧气，并且能使室内空气中的负离子含量增加和空气湿度提高。

养 护 要 点

1.盆栽以腐叶土、培养土和粗沙的混合土最好。

2.生长旺盛期，保持盆土湿润，空气湿度保持在70%～80%之间，并向叶面经常喷水，但盆土不能积水。冬季休眠期要控制浇水，否则容易发生叶尖枯焦现象。

3.生长期每半月施肥一次。冬季室内温度低于13℃，则停止施肥。若氮肥施用过多，叶片金黄色斑纹不明显，会影响观赏效果。

4.香龙血树耐修剪，可通过修剪来控制植株高度和造型。

5.为了使叶芽生长旺盛，每年春季必须换盆，新株每年换一次，老株两年换盆一次。平时剪除叶丛下部老化枯萎的叶片。

常春藤

Hedera helix
Ivy

科　名：五加科／Araliaceae
属　名：常春藤属／Hedera
别　名：土鼓藤、钻天风、三角风、
　　　　散骨风、枫荷梨藤

价值用途

常春藤是一种颇为流行的室内大型盆栽植物，尤其在较宽阔的客厅、书房、起居室内摆放，格调高雅、质朴，并具有南国情调。

生长习性

常春藤为多年生常绿攀援灌木，主要品种有中华常春藤、日本常春藤、彩叶常春藤、金心常春藤、银边常春藤。生长在全光照的环境中，在温暖湿润的气候条件下生长良好，不耐寒；对土壤要求不严，喜湿润、疏松、肥沃的土壤，不耐盐碱。

吸毒功能

常春藤可以净化室内空气，吸收由家具及装修散发出的苯、甲醛、二氧化硫等有害气体，还能吸附微粒灰尘，为人体健康带来极大的好处。根据有关实验，常春藤每平方米植物叶面积24小时可净化甲醛和苯分别为1.48毫克和0.91毫克。一盆常春藤能消灭8～10平方米房间内90%的苯，能对付从室外带回来的细菌和其他有害物质，甚至可以吸纳连吸尘器都难以吸到的灰尘。

养护要点

1.常春藤对土壤要求不严，耐贫瘠，喜湿润、疏松、肥沃的沙质土壤，忌盐碱性土壤。一般多用肥沃的疏松土壤作盆栽基质，如园土和腐叶土等量混合，也可用腐叶土、泥炭土和细沙土加少量基肥配制而成，或由田园土、1/4左右草木灰、少量基肥混合而成。

2.常春藤性喜温暖，生长适温为20～25℃，怕炎热，不耐寒。因此，放置在室内养护时，夏季要注意通风降温，冬季室温最好能保持在10℃以上，最低不能低于5℃。

3.常春藤喜光，也较耐阴，放在半光条件下培养则节间较短、叶形一致、叶色鲜明，因此宜放在室内光线明亮处培养。若能于春秋两

季，各选一段时间放室外遮阴处，使其早晚多见些阳光，则生机旺盛，叶绿色艳，但要注意防止强光直射。

4.生长季节浇水要见干见湿，不能让盆土过分潮湿，否则易引起烂根落叶。冬季室温低，尤其要控制浇水，保持盆土微湿即可。北方冬季气候干燥，最好每周用与室温相近的清水喷洗一次，以保持空气湿度，则植株显得有生气，叶色嫩绿而有光泽。

5.生长季节每2～3周施一次稀薄饼肥水。一般夏季和冬季不要施肥，施肥时切忌偏施氮肥，氮、磷、钾三者的比例以1：1：1为宜。

非洲茉莉

Fagraea ceilanica
Madagascar jasmine

科　名：马钱科/Loganiaceae
属　名：灰莉属/*Fagraea*
别　名：华灰莉木、箐黄果

价值用途

　　非洲茉莉枝条色若翡翠、叶片油光闪亮、花朵略带芳香，花形优雅，其丰满的株型加上碧绿青翠的革质叶，甚是讨人喜欢，是近年流行的室内观叶植物。

生长习性

　　非洲茉莉属常绿（攀援）灌木或小乔木，原产于我国南部及东南亚等国。性喜温暖，好阳光，但要求避开夏日强烈的阳光直射；喜空气湿度高、通风良好的环境，不耐寒冷、干冻及气温剧烈下降；在疏松肥沃，排水良好的壤土上生长最佳；它的萌芽、萌蘖力强，特别耐反复修剪。

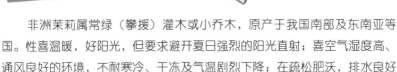

　　根据有关实验，非洲茉莉每平方米植物叶面积24小时可以清除1.29毫克氡气，同时它产生的挥发性精油具有明显的杀菌作用。

养护要点

　　1.非洲茉莉在气候温暖的环境条件下生长良好，生长适温为18℃至32℃，夏季气温高于38℃以上时，会抑制植株的生长；华南部分地区地栽可以露地越冬，长江以北地区盆栽则要求冬季室内温度不低于3℃。

　　2.非洲茉莉喜阳光，长江以北地区盆栽，春秋两季可接受全光照，夏季则要求搭棚遮阴，或将其搬放于大树浓荫下。特别值得注意的是，6月至7月间久雨后遇到大晴天，气温猛然上升，光照非常强烈，一定要做好遮阴工作，防止幼嫩新梢及嫩叶被灼伤。

　　3.要求水分充足，但根部不得积水，否则容易烂根。春秋两季浇水以保持盆土湿润为度；烈日炎炎的夏季，在上午和下午各喷淋一次水；冬季以保持盆土微潮为宜，并在中午前后气温相对较高时，向叶面适量喷水。

　　4.盆栽可用7份腐叶土、1份河沙、1份沤制过的有机肥、1份发酵过的锯末屑配制。生长季节每月给盆栽植株松土一次，始终保持其根部处于通透良好的状态。另外，对盆栽植株可每隔1年至2年换土一次。

　　5.盆栽植株在生长季节每月追施一次稀薄的腐熟饼肥水，5月开花前追一次磷钾肥，促进植株开花；秋后再补充追施1次至2次磷钾肥，平安过冬。

橡皮树

Ficus elastica
India rubber fig

科　名：桑科/Moraceae
属　名：榕属/Ficus
别　名：印度橡皮树、红缅树、印度榕大叶青、红嘴橡皮树

价值用途

橡皮树观赏价值较高，是著名的盆栽观叶植物，极适合室内美化布置。中小型植株常用来美化客厅、书房；中大型植株适合布置在大型建筑物的门厅两侧及大堂中央，显得雄伟壮观，可体现热带风光。

生 长 习 性

橡皮树是常绿乔木，原产印度及马来西亚，中国各地多有栽培。其性喜高温湿润、阳光充足的环境；适宜生长温度为20～25℃，忌阳光直射；能耐阴，但不耐寒，安全越冬温度为5℃；耐空气干燥；忌黏性土，不耐瘠薄和干旱，喜疏松、肥沃和排水良好的微酸性土壤。

吸毒功能

橡皮树是一个消除有害植物的多面手，对空气中的一氧化碳、二氧化碳、苯等有害气体有一定抗性。此外，橡皮树还能消除可吸入颗粒污染物，能起到有效的滞尘作用。

养 护 要 点

1.保持土壤处于偏干或微潮状态即可。夏季是橡皮树需水最多的阶段，可多浇水；冬季是橡皮树需水最少的时期，要少供水。

2.生长旺盛季节应该施用磷酸氢二铵、磷酸二氢钾等作为追肥。

3.橡皮树喜强烈直射日光，亦耐荫蔽环境。但是在栽培过程中，每天应该使其接受不少于4小时的直射日光。如果有条件，最好保证植株能够接受全日照。

4.保持环境适当通风即可。

5.橡皮树性喜高温环境，因此在夏秋两季里生长最为迅速。环境温度应该保持在20～30℃之间。当环境温度低于10℃时，橡皮树基本处于生长停滞状态。越冬温度不宜低于5℃。

鸭跖草

Commelina communis
Common dayflower herb

科　名：鸭跖草科/Commelinaceae
属　名：鸭跖草属/Commelina
别　名：兰花草、竹叶草等

价值用途

鸭跖草是一种良好的室内观叶植物，可布置窗台几架，也可放于荫蔽处。

生长习性

鸭跖草为草本植物，主要分布于热带，少数种产于亚热带和温带地区，我国大部分地区都有分布。生长强健，茎叶光滑，茎基部分枝匍匐；性喜温暖、湿润和通风环境；喜疏松、肥沃土壤。

吸毒功能

鸭跖草是一种很环保的植物，可以帮助净化室内的空气，是经常封闭的空间里很好的净化帮手。有关实验表明，鸭跖草对空气中的二氧化硫、甲醛有较强的净化能力，被称为"绿色净化器"。

养护要点

1. 喜肥沃、疏松土壤，置于阳光充足、通风良好之处。

2. 生长期保证水肥供应，可每隔10天左右浇一次腐熟有机液肥。只要养料充足，就能保证其茎节粗壮。盛夏时节，应移至半阴处。10月移入室内阳光充足之处，保持盆土湿润，温度不低于10℃即可。

3. 鸭跖草亦可于荫蔽处培养，但长期光照不足，易使茎节变长，细弱瘦小，叶色变浅。

4. 盆栽鸭跖草，宜选用高盆或将盆吊起，使枝蔓下垂，显得潇洒自如。

5. 养护一定时期后，下部叶片易干，影响观赏效果，此时可自脱叶处短截，令其重发新枝。剪下部分可作插穗用。

棕榈

Trachycarpus fortunei
Palm

科　名：棕榈科／Palmae
属　名：棕榈属／*Trachycarpus*
别　名：唐棕、中国扇棕、
　　　　拼棕

价值用途

棕榈树栽于庭院、路边及花坛之中，树势挺拔，叶色葱茏，适于四季观赏。亦可盆栽，摆放在客厅、阳台等处，别有一番风情。

生长习性

棕榈属常绿乔木，原产我国，除西藏外我国秦岭以南地区均有分布。喜温暖湿润气候，喜光；耐寒性极强，稍耐阴；适生于排水良好、湿润肥沃的中性、石灰性或微酸性土壤；耐轻盐碱，也耐一定的干旱与水湿。

吸毒功能

棕榈抗大气污染能力很强，对空气中的二氧化硫等有害气体具有较强的吸收功能。

养护要点

1. 盆栽棕榈应每年春天换盆一次，刚换过盆的植株应先放置在半阴处，几天后再置于阳光下。

2. 夏季气温增高，植株需水量较大，应每天浇水一次。并结合浇水，每隔半月左右施一次用豆饼或麻酱渣沤制的稀薄肥料。冬季植株进入休眠期，需水量减少，可每周浇一次水，以土壤湿润为宜，也不再施肥。

3. 在黄河以北地区，应于霜降前移入温室，谷雨后搬出温室，室温保持为7℃～10℃即可，不可过高，否则叶片发黄。黄河以南地区，可连盆埋入露地土壤中，盆面上再封土20厘米左右，以免冻伤根系。埋后立即灌一次透水，以后土壤干时再灌即可。

4. 盆栽棕榈一般作布置会场或装饰建筑及房间用，要求株形美观，因此最好不要剥取棕片。

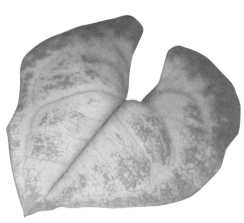

合果芋

Syngonium podophyllum
Parrowhead vine

科　名：天南星科/Araceae
属　名：合果芋属/*Syngonium*
别　名：箭叶芋

合果芋美丽多姿，形态多变，不仅适合盆栽，还适宜盆景制作，是具有代表性的室内观叶植物。也可在吊篮中栽植，作为垂吊装饰材料。

生长习性

合果芋为多年生常绿草本植物，原产中美洲及南美洲的热带雨林。喜高温多湿、疏松肥沃、排水良好的微酸性土壤；适应性强，生长健壮，能适应不同光照环境，在明亮的散射光处生长良好；生长适温为22～30℃。

吸毒功能

合果芋可以用自己宽大漂亮的叶子提高空气湿度，并吸收大量的甲醛和苯。叶子越多，其过滤净化空气和保湿功能就越强，被称为"天然的室内加湿器"。

养护要点

1.盆栽合果芋常用10～15厘米口径盆，作吊盆悬挂栽培可用15～18厘米口径盆。盆栽用土通常由腐叶土、泥炭土和少量粗沙或珍珠岩等混合而成，有条件的添一些松针叶就更利于生长发育。

2.生长期每隔1～2周施稀薄液肥一次。每月喷一次0.2％硫酸亚铁溶液，可保持叶色翠绿可爱。如果摆放于室内，不需生长过快，则须控制施肥量。

3.合果芋喜湿怕干，生长期要多浇水，尤其是夏季生长旺盛，需充分浇水，如水分不足或遭遇干旱，叶片会粗糙变小。冬季不可使盆土太湿，否则遇低温多湿，会引起根部腐烂死亡或叶片黄化脱落。

4.合果芋生长旺盛期要求高温、高湿的环境条件，在冬季有短暂的休眠现象，15℃以下茎叶停止生长，在10℃以上可安全越冬，5℃以下叶片出现冻害。春季气温超过12℃时开始萌发新芽。

5.合果芋喜半阴环境，夏季需遮光，冬季可不遮光。但在明亮的光照下，叶片较大，叶色变浅；在半阴条件下，叶片变小，叶色偏深。长时间在低光度情况下，茎秆和叶柄伸长，株型松散，新生叶片变小，影响观赏效果。

虎尾兰

Sansevieria trifasciata
Snake plant

科　名：龙舌兰科/Agavaceae
属　名：虎尾兰属/*Sansevieria*
别　名：虎皮兰、千岁兰、
　　　　锦兰

虎尾兰叶片坚挺直立，姿态刚毅，奇特有趣；它品种较多，株型和叶色变化较大，精美别致；对环境的适应能力强，适合布置装饰书房、客厅、办公场所，可供较长时间欣赏。

生长习性

虎尾兰为多年生草本植物，原产于非洲西北部各国。适应性强，性喜温暖湿润，耐干旱，喜光又耐阴；对土壤要求不严，以排水性较好的沙质壤土为宜；生长适温为20~30℃，越冬温度为10℃；可用分株和扦插繁殖。

吸毒功能

虎尾兰能大量吸收室内甲醛、苯等污染物质，消除并防止室内空气污染，有"负离子制造机"之称。一盆虎尾兰可吸收10平方米房间内80%以上的多种有害气体，两盆虎尾兰基本可使一般居室内空气完全净化。

养护要点

1.虎尾兰对土壤要求不严，在很小的土壤体积内也能正常生长，喜疏松的沙土和腐殖土，耐干旱和瘠薄。一般两年换一次盆，春季进行，可在换盆时使用标准的堆肥。

2.一般放置于阴处或半阴处，但也较喜阳光，但光线太强时，叶色会变暗、发白。

3.虎尾兰喜欢温暖的气温，低于13℃即停止生长。冬季温度不能长时间低于10℃，否则植株基部会发生腐烂，造成整株死亡。

4.虎尾兰为沙漠植物，能耐恶劣环境和久旱条件。浇水太勤，会导致叶片变白，斑纹色泽也变淡。由春至秋生长旺盛，应充分浇水。冬季休眠期要控制浇水，保持土壤干燥，浇水要避免浇入叶簇内。

5.施肥不应过量。生长盛期，每月可施1~2次肥，施肥量要少。长期只施氮肥，叶片上的斑纹就会变暗淡，故一般使用复合肥。从11月至第二年3月停止施肥。

千年木

Dracaena marginata

科　名：龙舌兰科/Agavaceae
属　名：朱蕉属/*Codyline*
别　名：红竹、朱蕉

价值用途

千年木株型美观，色彩华丽高雅，盆栽适用于室内装饰，点缀客厅和窗台，优雅别致。成片摆放会场、公共场所、厅室出入处，端庄整齐，清新悦目。数盆摆设橱窗、茶室，更显典雅豪华。

生长习性

千年木为灌木植物，广泛栽种于亚洲温暖地区，分布于我国南部亚热带地区，广东、广西、福建、台湾等地常见栽培。性喜高温多湿，冬季低温临界线为10℃；夏季要求半阴；忌碱性土壤；不耐寒，除广东、广西、福建等地外，均只宜置于温室内盆栽观赏；生长适温为20～25℃。

吸毒功能

千年木的叶片与根部能吸收二甲苯、甲苯、三氯乙烯、苯和甲醛，并将其分解为无毒物质。

养护要点

1.生长期盆土必须保持湿润。缺水易引起落叶，但水分太多或盆内积水，同样引起落叶或叶尖黄化现象。茎叶生长期经常喷水，空气湿度以50％～60％为适宜。

2.明亮光照对千年木生长最为有利，但短时间的强光或较长时间的半阴对千年木生长影响不大。夏季中午适当遮阴，减弱光照强度，对其叶片生长极为有利。

3.土壤以肥沃、疏松和排水良好的沙质壤土为宜，不耐盐碱和酸性土。盆栽常用腐叶土或泥炭土和培养土、粗沙的混合土壤。

4.千年木生长适温为20～25℃，夏季白天适温为25～30℃，冬季夜间温度为7～10℃，不能低于4℃，但个别品种能耐0℃低温。

铁线蕨

Adiantum capillus-veneris
Venus-hair fern

科　名：铁线蕨科／Adiantaceae
属　名：铁线蕨属／*Adiantum*
别　名：铁丝草

价值用途

铁线蕨茎叶秀丽多姿、形态优美、株型小巧，极适合小盆栽培和点缀山石盆景，其淡绿色叶片搭配着乌黑光亮的叶柄，显得格外优雅飘逸。小盆栽可置于案头、茶几上；较大盆栽可用以布置背阴房间的窗台、过道或客厅，能够较长期供人欣赏。

生长习性

铁线蕨为多年生草本植物，喜疏松透水、肥沃的石灰质沙壤土；喜明亮的散射光，忌阳光直射；喜温暖又耐寒，生长适温为13～22℃，冬季越冬温度为5℃。

吸毒功能

铁线蕨每小时能吸收大约20微克的甲醛，被认为是最有效的生物"净化器"。另外，它还可以抑制电脑显示器和打印机中释放的二甲苯和甲苯。

养护要点

1. 盆栽常用腐殖土或泥炭土，再加少量河沙和基肥混配而成的培养土。

2. 铁线蕨性喜温暖湿润和半阴环境，忌阳光直射，最好将植株放在室内阳光照不到的地方，过多过强的光照会引起叶边枯焦。

3. 生长适温白天为21～25℃，夜间为12～15℃。温度在5℃以上叶片仍能保持鲜绿，但低于5℃时叶片则会出现冻害。

4. 铁线蕨喜湿润的环境，除保持盆土湿润外，还要有较高的空气湿度，空气干燥时向植株周围洒水。特别是夏季，每天要浇1～2次水，如果缺水，就会引起叶片萎缩。

5. 每月施2～3次稀薄液肥，施肥时不要沾污叶面，以免引起烂叶。由于铁线蕨喜钙，盆土宜加适量石灰和碎蛋壳，经常施钙质肥料效果则会更好。冬季要减少浇水，停止施肥。

金边龙舌兰

Agave americana var. *marginata*
Golden margined century plant leaf

科　名：龙舌兰科/Agavaceae
属　名：龙舌兰属/*Agave*
别　名：黄斑龙舌兰、金边莲

价值用途

金边龙舌兰叶片坚挺美观、四季常青，园艺品种较多，常用于盆栽或花槽观赏，适用于布置小庭院和厅堂，栽植在花坛中心、草坪一角，能增添热带景色。

生长习性

金边龙舌兰为多年生常绿草本植物，原产美洲的沙漠地带。喜温暖、光线充足的环境；生长温度为15～25℃；耐旱性极强，要求疏松透水的土壤。

吸毒功能

龙舌兰是净化空气的好手，根据有关实验，在10平方米左右的房间内，龙舌兰可消灭70%的苯、50%的甲醛和24%的三氯乙烯。

养护要点

1.金边龙舌兰盆栽常用腐叶土加粗沙的混合土。生长期每月施肥一次。

2.夏季增加浇水量，以保持叶片翠绿柔嫩，遇烈日时，稍加遮阴。

3.入秋后，龙舌兰生长缓慢，应控制浇水，力求干燥，停止施肥，适当培土。

4.如盆栽观赏，要及时去除旁生蘖芽，保持株型美观。

5.除热带、亚热带地区外，其他地区盆栽金边龙舌兰，冬季要放入室内过冬，来年清明后移至室外。

袖珍椰子

Chamaedorea elegans

科　名：棕榈科/Palmae
属　名：袖珍椰子属/*Chamaedorea*
别　名：矮棕、矮生椰

袖珍椰子盆栽高度一般不超过一米，加上它耐阴，故十分适宜作室内中小型盆栽，装饰客厅、书房、会议室、宾馆服务台等室内环境，可使室内增添热带风光的气氛和韵味。

生长习性

袖珍椰子为常绿小灌木，原产于墨西哥和危地马拉。喜温暖、湿润和半阴环境；适宜生长的温度是20～30℃，13℃时进入休眠期，冬季越冬最低气温为3℃。

吸毒功能

袖珍椰子吸收空气中的苯、三氯乙烯和甲醛的能力比较强，是新装修居室中的"高效空气净化器"，同时能够吸收二氧化碳，释放出氧气，使室内空气中的负离子含量增加。

养护要点

1.袖珍椰子栽培基质以排水良好、湿润、肥沃的壤土为佳，盆栽时一般可用腐叶土、泥炭土加1/4河沙和少量基肥混合作为基质。

2.袖珍椰子对肥料要求不高，一般生长季每月施1～2次液肥，秋末及冬季稍施肥或不施肥。每隔2～3年于春季换盆一次。

3.盆土经常保持湿润即可。夏秋季空气干燥时，要经常向植株喷水，以提高环境的空气湿度，这样有利于植株生长，还可保持叶面深绿且有光泽；冬季适当减少浇水量，以利于越冬。

4.袖珍椰子喜半阴条件，高温季节忌阳光直射。在烈日下，叶色会变淡或发黄，并会产生焦叶及黑斑，失去观赏价值。

君子兰

Clivia miniata

科　名：石蒜科／Amaryllidaceae
属　名：君子兰属／*Clivia*
别　名：大花君子兰、大叶石蒜、
　　　　剑叶石蒜、达木兰

君子兰花叶并美，美观大方，又耐阴，宜室内盆栽，也是布置会场、装饰宾馆环境的理想盆花。

生长习性

君子兰为多年生草本植物，原产于非洲南部。花期长达30～50天，以冬春为主，元旦至春节前后也开放；忌强光，为半阴性植物，喜凉爽，忌高温；生长适温为15～25℃，低于5℃则停止生长；喜肥厚、排水性良好的土壤和湿润的土壤，忌干燥环境。

吸毒功能

君子兰株体尤其是叶片，有很多气孔和茸毛，能吸收大量的粉尘、灰尘和有害气体，对室内空气起到过滤作用；还具有吸收二氧化碳和释放氧气的功能，一株成年的君子兰，一昼夜能吸收一立升空气，释放80%的氧气，是家庭理想的"除尘器"和"绿色氧吧"。

养护要点

1. 适宜用腐殖质丰富、透气性好、渗水性好的土壤，一般用6份腐叶土、2份松针、1份河沙或炉灰渣、1份底肥配制。

2. 生长期需保持盆土湿润，高温半休眠期盆土宜偏干，并多在叶面喷水，达到降温目的。

3. 君子兰喜肥，每隔2～3年在春秋季换盆一次，盆土内加入腐熟的饼肥。每年在生长期前施腐熟饼肥 5～40克于盆面土下，施液肥一次。

4. 管理中要经常转盆，防止叶片偏于一侧，如有偏侧，应及时扶正。

5. 气温为25～30℃时，易引起叶片徒长，使叶片狭长而影响观赏效果，故栽培君子兰一定要注意调节室温。

苏铁

Cycas revoluta
Sago cycas

科　名：苏铁科／Cycadaceae
属　名：苏铁属／*Cycas*
别　名：凤尾蕉、避火蕉、
　　　　凤尾松、铁树

苏铁生性强健、株型美丽、树姿优美古朴、四季常青，以其独特的树形、优美的枝叶、奇特的花果而深得人们喜爱，广泛应用于南方各类园林景观中，用作盆景亦是极好的材料。

生长习性

苏铁为常绿乔木，原产中国南部，各地常有栽培。喜光，稍耐半阴；肉质根，怕积水；喜温暖，不甚耐寒，尽量保持环境通风；生长适温为20～30℃，越冬温度不宜低于5℃。

吸毒功能

苏铁具有净化空气的功能，能过滤二氧化碳、乙烯等有害气体。

养护要点

1.盆土可用腐叶土或泥炭土加上1/4左右的河沙和少量基肥混匀配制，也可用腐叶土4份、园土4份、河沙2份混匀配制。盆底垫放碎瓦片，以利于排水。

2.初夏温度升至20℃后，新芽开始生长，抽出新叶，表明下部根须已长出，不能放在半阴处，否则新叶变得细长，影响观赏价值，应放于通风好、阳光充足处。

3.生长期间浇水要充足，新叶旺盛生长时应经常保持盆土湿润，并在早晚喷洒水，保持叶片清新。要注意盆内不能积水，否则会引起烂根烂茎；但盆土过干，会使叶片发黄枯萎。

4.生长期间施肥，每月施一次40%稀释腐熟豆饼肥，加入0.5%的硫酸亚铁。也可用生锈的铁钉、铁皮放于土壤，任铁质渐渐渗入土中，供苏铁吸收，使苏铁叶子翠绿。

5.夏季要避免放在阳光处暴晒，冬季防冻保暖，0℃以上能安全越冬。要适当修去枯黄老叶，让植株再生新叶。

金琥

Echinocactus grusonii
Golden barrel, Golden ball cactus

科　名：仙人掌科／Cactaceae
属　名：金琥属／*Echinocactus*
别　名：象牙球、金琥仙人球

金琥盆栽可长成规整的大型标本球，点缀厅堂，更显金碧辉煌，为室内盆栽植物中的佳品。

生 长 习 性

金琥是强刺球类仙人掌的代表，原产墨西哥中部干燥、炎热地区。习性强健；喜石灰质土壤，喜干燥、温暖，畏寒、忌湿；喜光照充足，每天至少需要有6小时的太阳直射光照，夏季应适当遮阴，但不能遮阴过度；生长适温为白天25℃，夜晚为10～13℃，适宜的昼夜温差可使金琥生长加快。

吸毒功能

金琥具有很好的抗电磁辐射和放射性物质的能力，很适合放在电脑、电视机等旁边。它能够在夜间吸收二氧化碳、释放氧气，还能使空气中的负离子含量增加。

养护要点

1.喜干忌涝。在生长期内，浇水应坚持不干不浇、干透再浇、浇则浇透的原则。生长期浇水过多会不开花，休眠期浇水还会烂根。

2.喜光勿阴。仙人掌生长要有充足的光照，若长期荫蔽，会造成徒长，不开花。但它又忌暴晒，在炎热的夏季中午仍需要遮阴，防止灼伤。

3.喜沙忌黏。仙人掌在排水、透气良好、富有石灰质的沙土中生长良好，切忌黏和积水，否则会引起发育不良和根部腐烂。培养土可用3份壤土、3份腐叶土、3份粗沙、1份草木灰配制而成。

4.喜碱忌酸。仙人掌喜欢在中性或微碱性的土壤中生长，最适pH在7.0～7.5之间，盆土过敏会引起不开花和烂根。长期栽培后，盆土会变得坚实与酸化，若每年换一次盆，更新盆土，即使不另外追肥，也可生长良好。

鸟巢蕨

Neottopteris nidus
Bird's-nest fern

科　名：铁角蕨科／Aspleniaceae
属　名：巢蕨属／*Neottopteris*
别　名：巢蕨、山苏花、
　　　　王冠蕨

价值用途

鸟巢蕨为阴生观叶植物，株型丰满，叶色葱绿光亮，潇洒大方，野趣味，浓郁，深得人们的青睐。悬吊于室内别具热带情调；植于热带园林树木下或假山岩石上，可增添野趣；盆栽的小型植株用于布置明亮的客厅、会议室及书房、卧室，也显得小巧玲珑、端庄美丽。

生长习性

鸟巢蕨是一种附生的蕨类植物，原产于热带亚热带地区，我国广东、广西、海南和云南等地均有分布，亚热带其他地区也有分布。喜温暖、潮湿和较强散射光的半阴条件；在高温多湿条件下终年可以生长，其生长最适温度为20～22℃，不耐寒，冬季越冬温度为5℃；春季和夏季的生长盛期需多浇水，并经常向叶面喷水，以保持叶面光洁；空气湿度以70％～80％为宜；生长季每两周施腐熟液肥一次，以保证植株生长及叶色浓绿。

吸毒功能

鸟巢蕨是人们净化空气的好帮手，有关实验表明，鸟巢蕨每平方米叶片24小时可清除甲醛5.13毫克，对甲醛的净化率为52.2％。

养护要点

1.盆栽基质可以腐叶土或泥炭土、蛭石等为主，并掺入少量河沙，也可用蕨根、碎树皮、苔藓或碎砖粒加少量腐殖土拌匀混合而成。

2.夏季，当气温超过30℃以上时，就要采取遮阴和喷水等降温增湿措施，为其创造一个相对凉爽湿润的环境。冬季，室内温度应保持在15℃以上，至少不低于5℃的温度。

3.鸟巢蕨只需少量光照就能生长良好，可长年放在室内光线明亮处培养，夏季切忌烈日暴晒，冬季要适当给予光照。

4.鸟巢蕨不但要求盆土湿润，而且要求有较高的空气相对湿度。生长季节浇水要充分，特别是夏季，除栽培基质要经常浇透水外，还必须每天淋洗叶面2～3次，同时给周边地面洒水增湿，维持局部环境有较高的空气湿度。冬季气温较低时，以保持盆土湿润为好，可多喷水、少浇水，以免在低温条件下因盆土中水分过多而造成植株烂根。

5.在其生长旺盛季节，宜每半月浇施一次氮、磷、钾均衡的薄肥，可促使其不断长出大量新叶，如果植株缺肥，叶缘也会变成棕色。夏季气温高于32℃、冬季棚室温度低于15℃，应停止一切形式的追肥。

发财树

Pachira macrocarpa
Guiana chestnut

科　名：木棉科/Bombacaceae
属　名：瓜栗属/Pachira
别　名：瓜栗、中美木棉、
　　　　鹅掌钱、马拉巴栗

价值用途

发财树株型美观，根茎部肥大，茎叶周年翠绿，且枝条柔软，可编织造形，适于在家内布置和美化使用，再加上其寓意吉祥，因此成为宾馆、饭店、商家及市民的青睐对象。

生长习性

发财树为常绿小乔木，原产拉丁美洲的哥斯达黎加、大洋洲及太平洋中的一些小岛屿，我国南部热带地区亦有分布。性喜温暖、湿润、向阳的环境；生长适温20～30℃，耐寒力差，幼苗忌霜冻；喜肥沃疏松、透气保水的沙壤土，喜酸性土，忌碱性土或黏重土壤，较耐水湿，也稍耐旱。

吸毒功能

发财树清除氨气、甲醛、氟化氢等有害气体的能力比较强。根据有关实验，发财树每平方米植物叶面积24小时可以清除0.48毫克甲醛、2.37毫克氨气。

养护要点

1. 发财树性喜高温湿润和阳光照射，不能长时间荫蔽。因此，在养护管理时应置于室内阳光充足处。摆放时，必须使叶面朝向阳光。另外，每间隔3～5天，用喷壶向叶片喷水一次，这样既利于光合作用的进行，又可使枝叶更显美观。

2. 浇水是养护管理过程中的重要环节。水量少，枝叶发育停滞；水量过大，可能导致植株烂根死亡；水量适度，则枝叶肥大。浇水的首要原则是宁湿勿干，其次是"两多两少"，即夏季高温季节浇水要多，冬季浇水要少；生长旺盛的大中型植株浇水要多，新分栽入盆的小型植株浇水要少。

3. 发财树为喜肥花木，对肥料的需求量大于常见的其他花木。每年换盆时，肥土的比例可占1/3，甚至更多。在生长期（5～9月），每间隔15天，可施用一次腐熟的液肥或混合型育花肥，以促进根深叶茂。

4. 发财树对温度和湿度的要求较高，如若温度较低或湿度缺失，常常会出现落叶现象，严重时枝条光秃，不仅有碍观赏，且极易造成植株死亡。因此，莳养时应注意保持15℃以上的温度，并经常给枝叶喷水，以增加必要的湿度。

鹅掌柴

Schefflera octophylla
Umbrella tree

科　名：五加科／Araliaceae
属　名：鹅掌柴属／*Schefflera*
别　名：鸭母树、鸭脚木

鹅掌柴是大型盆栽植物，宜布置客室、书房和卧室，呈现自然和谐的绿色环境，具有浓厚的时代气息。

生长习性

鹅掌柴为常绿灌木，原产大洋洲、我国广东、福建等亚热带雨林，日本、越南、印度也有分布，现广泛植于世界各地。喜温暖、湿润和半阴环境；生长适温为16～27℃，喜湿怕干；对光照的适应范围广，在全日照、半日照或半阴环境下均能生长；土壤以肥沃、疏松和排水良好的沙质壤土为宜。

吸毒功能

鹅掌柴吸收空气中甲醛、苯类、尼古丁等化合物的能力强，对降低室内飘尘量也有很大的作用，能给家庭带来新鲜空气。

养护要点

1.盆土用泥炭土、腐叶土、珍珠岩加少量基肥配制，亦可用细沙土盆栽。

2.忌烈日照射，较耐阴，培养时给予明亮的散射光最相宜。出房后宜放置在半阴处，夏季要注意及时遮阴，不要让烈日直射。

3.注意盆土不能缺水，否则会引起叶片大量脱落。冬季低温条件下应适当控水。如使用塑料容器则要注意排水。要保持土壤湿润，不待干透就要及时浇水，天气干燥时，还应向植株喷雾增湿；梅雨期间要防止盆中积水。

4.鹅掌柴在30℃以上高温条件下仍能正常生长，11月初入室后应放置在冷室内，温度不宜低于5℃，否则会造成落叶。

5.生长季节每隔1～2周施一次液肥。在5～9月这段时间内，每月施两次20%的饼肥水。

散尾葵

Chrysalidocarpus lutescens
Yellow palm, Areca palm, Butterfly palm

科　名：棕榈科／Palmae
属　名：散尾葵属／*Chrysalidocarpus*
别　名：黄椰子

价值用途

散尾葵形态潇洒优美，性耐阴，是布置客厅、餐厅、会议室、书房、卧室或阳台的高档盆栽观叶植物。在明亮的室内可以较长时间摆放观赏；在较阴暗的房间也可连续观赏4～6周。

生长习性

散尾葵为常绿灌木或小乔木，原产非洲的马达加斯加岛，世界各热带地区多有栽培。性喜温暖湿润、半阴且通风良好的环境；不耐寒，较耐阴，畏烈日；适宜生长在疏松、排水良好、富含腐殖质的土壤；越冬最低温度要在10℃以上。

吸毒功能

散尾葵是美国宇航局列出的净化空气的头号植物，被誉为"最有效的空气加湿器"。在家中摆放散尾葵，能够有效去除空气中的苯、三氯乙烯、甲醛等有害物质。此外，散尾葵具有蒸发水气的功能，如果在居室种植一棵散尾葵，能够将室内的湿度保持在40%～60%，特别是冬季室内湿度较低时，能有效提高室内湿度。根据有关实验，散尾葵每平方米植物叶面积24小时可以清除0.38毫克甲醛、1.57毫克氢气。

养护要点

1.散尾葵喜疏松肥沃、排水良好、富含腐殖质的微酸性土壤，黏性土壤、碱性土壤或沙质含量过多的土壤不适宜栽培。一般可用腐叶土4份、沙子1份、腐熟的有机肥料2份混合即可。

2.散尾葵喜光照，但不喜强烈的夏季光照直射，一般于5月中旬至9月上旬需要遮阴。虽然它比较耐阴，但不宜长时间放于无光照处。冬季与早春则需要充足的光照，既利于越冬，又可积累更多的养分，对萌发新叶有益。

3.散尾葵喜温暖、湿润的环境，适宜生长温度为15～28℃，高温下需要经常喷水降温及保持良好的通风。不耐寒，冬季需要保持在10℃以上，5℃左右则易受冻害，需要及时入室保护。喜湿润、怕干燥，特别是温度较高时，较高的空气湿度很重要。

4.散尾葵喜水又怕涝。室内养护可在表土见干后浇透，冬季室温稍低时，可在表土干燥2～3天后再浇透水。室外养护者，5月中旬至9月中旬可保持盆土湿润，其他时间见干见湿。

5.散尾葵全年生长出来的叶片并不算多，但是需要勤加施肥，叶片才会更加美丽、舒展。一般以氮肥为主、磷钾肥为辅。生长温度条件下，每半月浇灌液态肥料一次或每月穴施固态肥料一次。冬季温度不适宜时暂停施肥。

棕竹

Rhapis excelsa
Lady palm

科　名：棕榈科/Palmae
属　名：棕竹属/*Rhapis*
别　名：观音竹、筋头竹、
　　　　棕榈竹

价值用途

棕竹株型紧密秀丽、株丛挺拔、叶形清秀、叶色浓绿而有光泽,既有热带风韵,又有竹的潇洒,为重要的室内观叶植物。在明亮的室内可供长期欣赏,在较阴暗的室内可连续观赏3~4周。

生长习性

棕竹为常绿丛生灌木,原产我国广东、云南等地,日本也有。喜温暖湿润及通风良好的半阴环境,不耐积水,极耐阴;适宜生长温度为10~30℃;对水肥要求不十分严格;要求疏松肥沃的酸性土壤,不耐瘠薄和盐碱;要求较高的土壤湿度和空气温度。

吸毒功能

棕竹和散尾葵并驾齐驱被美国宇航局评为最能净化空气的植物。棕竹能够吸收80%以上的多种有害气体,还能消除重金属污染,并对二氧化硫污染有一定的抵抗作用。

养护要点

1.盆栽棕竹适宜用腐叶土、泥炭土加珍珠岩、风化岩石颗粒或塘泥块。

2.盆土以湿润为宜,宁湿勿干,但不能积水,否则容易烂根。秋冬季节适当减少浇水量。

3.夏秋生长旺盛的季节,应每2~3周追肥一次,且要避免阳光直射;冬春季应控制使用肥水,且多接受阳光直射,有利于冬季生长。

4.棕竹较耐阴,生长季要遮阴,尤其夏季忌烈日暴晒,否则叶片发黄,植株生长缓慢而低矮。

5.棕竹较耐寒,0℃低温对它生存影响不大,故室内盆栽可安全越冬。

夏威夷椰子

Pritchardia gaudichaudii
Bamboo palm

科　名：棕榈科／ *Palmae*
属　名：茶马椰子属／
别　名：雪佛里椰子、竹榈、
　　　　竹茎椰子

价值用途

夏威夷椰子枝叶茂密、叶色浓绿，并富有光泽，可更新净化室内空气，羽片雅致，给人以端庄、文雅、清秀之美感，成为室内观叶植物的新秀。它耐阴性极强，很适合室内栽培观赏，可用于客厅、书房、会议室、办公室等处绿化装饰。

生长习性

夏威夷椰子为常绿矮灌木或小乔木，原产于墨西哥、危地马拉等地，主要分布于中南美洲热带地区。喜阳，喜温暖，不耐寒；对土壤适应性强，但以疏松、湿润、排水良好、土层深厚、富含有机质的肥沃冲积土或黏壤土最为理想；生长适温为20～28℃。

吸毒功能

夏威夷椰子位列美国宇航局列出的净化空气效果最佳的10种植物名单中，是不错的"吸毒植物"之一。

养护要点

1.宜用疏松、通气透水良好、富含腐殖质的基质，一般可用腐叶土、园土、河沙等量混合并加少量腐熟有机肥混合配制，作为培养基质。

2.生长期浇水宁干勿湿，盆土保持湿润即可，浇水过多，易引起植株下部叶片腐烂发病，导致黑斑病发生蔓延，造成叶片枯黄甚至死亡。夏季每天浇水2～3次，夏秋季空气干燥时，要经常向植株喷水，以提高环境的空气湿度。冬季适当减少浇水量，以利于越冬。

3.夏威夷椰子对肥料要求不高，一般生长季每月施1～2次液肥，秋末及冬季可不施肥。

4.温度为13℃时进入休眠，冬季不可低于10℃，低于5℃易受冻害。

5.夏威夷椰子在高温、高湿、半阴环境中生长较快，怕阳光直射，在烈日下其叶色会变淡或变黄，并产生焦叶及黑斑，失去观赏价值。它较耐阴，幼苗培育期或生长期，尤其夏秋季一般遮阴度为60%，但冬春季给予较明亮的散射光为宜。

罗比亲王海枣

Phoenix roebelenii
Dwarf date palm

科　名：棕榈科/Palmae
属　名：刺葵属/*Phoenix*
别　名：软叶刺葵、美丽针葵、
　　　　罗比亲王椰子、日本葵

价值用途

罗比亲王海枣树姿雄健，叶丛圆浑紧密，细密的羽状复叶潇洒飘逸，颇显南国热带风光。家庭小苗盆栽可摆设在客厅、阳台，大苗盆栽适宜装饰宾馆会议室、大厅，能给人一种身居南国的感觉。

生长习性

罗比亲王海枣为常绿灌木，原产东南亚地区，老挝分布最多。我国有引种栽培，全国各地均有少量栽培。性喜温暖湿润、半阴且通风良好的环境；不耐寒，较耐阴，畏烈日；适宜生长在疏松、排水良好、富含腐殖质的土壤；越冬最低温度要在10℃以上。

养护要点

1. 盆栽宜用腐叶土、泥炭土加河沙或珍珠岩和少量基肥作盆土。宜选用沿口较深的花盆，以方便浇水和施肥。

2. 喜光，能耐烈日，亦颇耐荫蔽，可长期在光照较好的室内栽培。盛夏6～9月光照强烈时应予遮阴，保持60%的透光率；其他季节应给予充足的光照。

3. 生长适温在25℃左右，冬季夜间温度不能低于8℃，白天要求15℃。遇长期5～6℃或短期0℃以下低温，植株易受寒害。

4. 植株抗旱能力较强，数日内不浇水也不会干死，但基部叶片会变黄。夏季可充分浇水，但要防止积水，以免根腐。冬季要控制浇水。

5. 生长旺盛时要及时补充养分，可15天左右施腐熟饼肥一次，即可满足生长需求。入冬移入室内后，温度只需保持5℃以上就可安全越冬。盆土不宜太湿，但周围环境却要适当喷水，保证一定的空气湿度。

吸毒功能

罗比亲王海枣是一种能让房间充满生气、有效去除空气中有毒物质的植物之一，位列美国宇航局列出的净化空气效果最佳的10种植物名单中。

沿阶草

Ophiopogon japonicus
Radix ophiopogonis

科　名：百合科／Liliaceae
属　名：沿阶草属／*Ophiopogon*
别　名：书带草、麦冬

沿阶草长势强健、耐阴性强、植株低矮、根系发达、覆盖效果较快，是良好的地被植物，可成片栽于风景区的阴湿空地和水边湖畔做地被植物。叶色终年常绿，花莛直挺，花色淡雅，清香宜人，又是良好的盆栽观叶植物。

生长习性

沿阶草是多年生草本地被植物，亚洲东部，华东、华南、华中均有野生沿阶草分布。沿阶草既能在强阳光照射下生长，又能忍受荫蔽环境，属耐阴植物；能耐受最高气温46℃，也能耐受零下20℃的低温而安全越冬，且寒冬季节叶色始终保持常绿。

吸毒功能

沿阶草是净化空气的高手，能有效去除室内的氢气。

养护要点

1. 要求通风良好的半阴环境，经常保持土壤湿润，北方旱季应经常喷水，叶片才能油绿发亮。如果空气过于干燥，叶片常会出现干尖现象。

2. 沿阶草较耐水湿，但如果盆土长期积水，肉质根和地下茎也会腐烂。

3. 因其生长迅速，除栽植时施足基肥外，生长期还应追肥，最好是每月追一次液体肥。

4. 注意清除杂草，盆栽者夏季应于荫蔽下，忌烈日直射，在荫蔽环境下叶色翠绿。

5. 盆栽沿阶草一般两年需翻盆一次，否则地下肉质根会布满全盆，将盆土顶出盆面，根系逐渐枯死，叶片也会发黄。所以，要对老叶进行剪除，并除去外围1/3～到2/3的宿根，保留新芽，再换上新土即可。

龟背竹

Monstera deliciosa
Monstera ceriman

科　名：天南星科/Araceae
属　名：龟背竹属/Monstera
别　名：蓬莱蕉、电线兰、
　　　　铁丝兰、龟背芋

价值用途

龟背竹株型优美，叶片形状奇特，叶色浓绿且富有光泽，整株观赏效果好，是著名的室内盆栽观叶植物。常用中小盆种植，置于室内客厅、卧室和书房；也可以大盆栽培，置于宾馆、饭店、大厅及室内，或于花园的水池和大树下，颇具热带风光。

生长习性

龟背竹为常绿藤本植物，原产于墨西哥热带雨林中，我国引种栽培十分广泛。喜温暖湿润环境，切忌强光暴晒和干燥；生长适温为20～25℃；夏季需经常喷水，保持较高的空气湿度；盆栽土要求肥沃疏松、吸水量大、保水性好的微酸性壤土，腐叶土或泥炭土最好。

吸毒功能

在净化空气方面，龟背竹清除甲醛的效果比较明显。另外，龟背竹有晚间吸收二氧化碳的功效，对改善室内空气质量、提高含氧量有很大帮助，因此有"龟背竹本领强，二氧化碳一扫光"的谚语。

养护要点

1. 盆栽用腐叶士3份、堆肥3份、河沙4份混合配成培养土。每年春季换盆换土时，盆内加入腐熟有机肥或磷钾肥作基肥。

2. 生长季节必须经常浇水，浇水掌握"宁湿勿干"的原则，保持盆土湿润。夏季要经常向叶面喷水，保持较高的空气湿度。冬季温度要求不能低于10℃，防止冷风吹袭，否则叶片易枯黄脱落。冬季盆土宜偏干，稍潮润，过湿易烂根枯叶。

3. 龟背竹较喜肥，为使其生长旺盛，5月至9月，每隔2周施一次稀薄液肥，生长高峰期施一次叶面肥，以0.1%的尿素水溶液或0.2%的磷酸二氢钾水溶液较好。越冬期间应少施肥或不施肥。

4. 龟背竹是典型的耐阴植物，生长季节注意遮阴，以半阴为佳，忌强光直射，尤其盛夏不能放在阳光下直晒，否则易造成叶片枯焦灼伤，影响观赏价值。

5. 龟背竹为大型观叶植物，茎粗叶大，成年植株分株时要设架绑扎，以免倒伏变型。待定型后支架拆除。定型后茎节叶片生长过于稠密、枝蔓生长过长时，注意整株修剪，力求自然美观。

文竹

Asparagus setaceus
Asparagus setaceus

科　名：百合科/Liliaceae
属　名：天门冬属/*Asparagus*
别　名：云片松、刺天冬、
　　　　云竹

价值用途

文竹叶片纤细秀丽，密生如羽毛状，翠云层层，株形优雅、独具风韵，深受人们喜爱，是著名的室内观叶花卉。

生长习性

文竹为多年生常绿藤本植物，原产南非，现世界各地多有栽培。性喜温暖湿润和半阴环境，不耐严寒，不耐干旱，忌阳光直射；适生于排水良好、富含腐殖质的沙质壤土；生长适温为15~25℃，越冬温度为5℃。

吸毒功能

文竹在夜间除了能吸收二氧化硫、二氧化氮、氯气等有害气体外，还能分泌出杀灭细菌的气体，具有保健功能。

养护要点

1. 盆栽常用腐叶土1份、园土2份和河沙1份混合作为基质，种植时加少量腐熟畜粪作基肥。

2. 平时要适当掌握浇水量，做到不干不浇、浇则即透，经常保持盆土湿润。炎热天气，除浇水外，还须经常向叶面喷水，以提高空气湿度；入冬后，可适当减少浇水量。

3. 在生长期，每月应施稀薄液肥1~2次，忌施浓肥，否则会引起枝叶发黄。当植株定型后可减少施肥量，以免徒长而影响株型美观，并注意适量修剪整形。

4. 适于在半阴、通风的环境下生长，要注意适当遮阴，尤其夏秋季要避免烈日直射，以免叶片枯黄。在室内栽培，放置在有一定漫射光处较佳。

5. 文竹应于室内越冬，冬季室温应保持10℃左右为好，并给予充足的光照，来年4月以后即可移至室外养护。

富贵竹

Dracaena sanderiana
Lucky bamboo

科　名：百合科/Liliaceae
属　名：龙血树属/*Dracaena*
别　名：万寿竹、开运竹

价值用途

富贵竹茎杆挺拔、株态玲珑、叶片浓绿、冬夏长青、生长强健，无论盆栽或剪取茎杆瓶插或加工，均显得疏挺高洁、柔美优雅、姿态潇洒、富有竹韵，观赏价值特高。

生长习性

富贵竹属多年生常绿小乔木观叶植物，现为中国常见的观赏植物，也颇受国际市场欢迎。性喜阴湿高温环境，耐阴、耐涝、耐肥力强，抗寒力强，喜半阴的环境；适宜生长于排水良好的沙质土或半泥沙及冲积层黏土中；适宜生长温度为20～28℃，可耐2～3℃的低温，但冬季要防霜冻。

吸毒功能

富贵竹可以帮助不经常开窗通风的房间改善空气质量，具有消毒功能，尤其是卧室，放置一盆富贵竹，能有效吸收废气。

养护要点

1. 盆栽可用腐叶土、菜园土和河沙等混合种植，也可用椰糠和腐叶土、煤渣灰加少量鸡粪、花生麸、复合肥混合作培养土。

2. 生长季节应常保持盆土湿润，切勿让盆土干燥，尤其是盛夏季节，要常向叶面喷水，过于干燥会使叶尖、叶片干枯。冬季盆土不宜太湿，但要经常向叶面喷水，并注意做好防寒防冻措施，以免叶片泛黄萎缩而脱落。

3. 盆栽富贵竹每2～3年换盆，换土；每20～25天施一次氮、磷、钾复合肥。不要将富贵竹摆放在电视机旁或空调常吹到的地方，以免叶尖及叶缘干枯。

4. 将富贵竹放置背北向阳的阳台较好。春、秋季要适当多光照，每天光照3～4小时，以保持叶片的鲜明色泽；夏季要适当遮阳，每天喷水一次，清洗叶面灰尘，使生长更旺盛，叶色更青绿。

5. 水养富贵竹喜欢腐水，生根后不宜换水，水分蒸发减小后只能及时加水，常换水易造成叶黄枝枯萎。

仙人掌

Opuntia stricta
Cactus

科　名：仙人掌科/Cactaceae
属　名：仙人掌属/*Opuntia*
别　名：仙巴掌、霸王树、火焰
　　　　火掌、玉芙蓉

仙人掌管理粗放，易于栽培，是室内最常见的盆栽植物。

生长习性

仙人掌为肉质多年生植物，原产于北美和南美，现在主要分布于热带和亚热带。喜光，耐烈日，不耐阴蔽；喜干热气候，不耐寒；喜排水良好的沙质壤土；耐旱。

吸毒功能

仙人掌呼吸多在晚上比较凉爽、潮湿时进行。呼吸时，吸入二氧化碳，释放出氧气，被称为夜间"氧吧"。此外，仙人掌还是净化甲醛、吸附灰尘的高手。

养护要点

1.盆栽用土要求排水透气良好、含石灰质的沙土或沙壤土。

2.新栽植的仙人掌先不要浇水，每天喷雾几次即可，半个月后可少量浇水，一个月后新根长出才能正常浇水。冬季气温低，植株进入休眠时，要节制浇水。开春后随着气温的升高，植株休眠逐渐解除，浇水可逐步增加。

3.每10～15天施一次腐熟的稀薄液肥，10月后停肥，否则新生组织柔弱，易受冻害。

4.除炎热夏季中午，仙人掌均可暴晒。11月至翌年3月是仙人掌的休眠期，置于室内阳光充足避风处，在5℃以上时，即可安全越冬。

平安树

Cinnamomum kotoense

科　名：樟科/Lauraceae
属　名：樟属/Cinnamomum
别　名：兰屿肉桂、红头屿肉桂、
　　　　大叶肉桂、台湾肉桂等

　　平安树四季常绿，株型端庄良好，叶片又能散发出特别的香味，可松弛人们在紧张工作中的神经，既是室内观叶植物的佳品，又是非常漂亮的园景树。

生长习性

　　平安树为常绿乔木，原产台湾兰屿地区。性喜温暖湿润、阳光充足的环境；宜用疏松肥沃、排水良好、富含有机质的酸性沙壤土；生长适温为20～30℃。

吸毒功能

　　平安树叶片会散发出含有桂皮油的香味，能够矫正异味及抗菌，对吸收空气中的有害气体也有一定的能力。此外，平安树还能够吸收二氧化碳，同时释放出氧气，使室内空气中的负离子含量增加，提高空气湿度。

养护要点

　　1.平安树喜高温多湿的环境，最佳温度是20～30℃。当气温超过32℃时，要进行遮光和叶面喷水，以增湿降温，使其能维持旺盛的生长势。冬天最低温度不能低于5℃。

　　2.平安树喜欢湿润的泥土，每天清晨和傍晚适量浇水。冬季则应多喷水，少浇水。盆内不能有积水。

　　3.平安树需要较好的光照，但又比较耐阴。适宜半阴环境养护，它的需光性随着年龄的不同而有所变化，若光线过强，易造成叶片发黄而失神，降低其应有的观赏价值。

　　4.每月对平安树施肥一次，入秋后，应连续追施2次磷钾肥；冬季应停止一切形式的追肥，以防肥害伤根。

　　5.小株每年换盆一次，大株每两年换土一次。生长季节每月松土一次，翻盆换土时间，最好在春季。

彩叶芋

Caladium bicolor
Caladium

科　名：天南星科/Araceae
属　名：花叶芋属/Caladium
别　名：花叶芋、二色芋

价值用途

彩叶芋叶形美丽，叶色及斑纹变化多样，给人以清新、典雅、热烈之美感，是一种相当理想的室内观叶植物，可配置在案头、窗台。

生长习性

彩叶芋是多年生草本植物。喜高温、高湿和半阴环境，不耐低温和霜雪；要求土壤疏松、肥沃和排水良好；适温为20～30℃；喜散射光，不宜过分强烈。

吸毒功能

彩叶芋对甲醛、苯类等化合物均有较强的吸收能力，其叶上的纤毛能截留并吸滞空气中飘浮的微粒及烟尘，是天然的除尘器。

养护要点

1. 要求肥沃疏松和排水良好的腐叶土或泥炭土，一般采用普通园土加腐叶土及适量的河沙混合，并加一些基肥，如堆肥、骨粉、油粕等。

2. 彩叶芋生长期为4～10月，可每半个月施用一次稀薄肥水，如豆饼、腐熟酱渣浸泡液，也可施用少量复合肥，施肥后要立即浇水、喷水，否则肥料容易烧伤根系和叶片。立秋后要停止施肥。

3. 彩叶芋喜散射光，忌强光直射，要求光照强度较其它耐阴植物要强些。当叶子逐渐长大时，可移至温暖、半阴处培养，但切忌阳光直射。经常给叶面上喷水，以保持湿润，可使叶子观赏期延长。

4. 6～10月为展叶观赏期，盛夏季节要保持较高的空气湿度。除早晚浇水外，还要给叶面、地面及周围环境喷雾1～2次。入秋后叶子逐渐枯萎，进入休眠期控制用水，使土壤干燥。

5. 自9月份起，彩叶芋叶片开始泛黄，逐渐萎蔫下垂，此时即应控水，待叶片全部枯萎，剪去地上部分，扣盆取出块茎，抖掉泥土，在室内光照较好的通风干燥处晾晒数日，储藏于经过消毒的蛭石或干沙中。室温保持在13～16℃之间。

兰花

Cymbidium
Orchid

科　名：兰科/Orchidaceae
属　名：兰属/*Cymbidium*
别　名：兰蕙

价值用途

这里指的兰花是中国兰花，简称为国兰，兰花是我国十大传统名花之一，一直深受人们喜爱。有芳香的品种开花之时，幽香清远，沁人肺腑，因此有"香祖"、"国香"、"第一香"等之称。国人寓意兰花为美好、高尚、正气、纯洁、高贵、高雅、高风亮节、富贵等，还与梅、竹、菊并称为"四君子"。

生长习性

兰花属多年生常绿草本植物，我国属于原产地。栽培基质要求通气、松软、漏水性好，呈微酸性；最佳生长温度为18～30℃；兰花喜阴畏阳，喜雨而畏涝，喜润而畏湿。

吸毒功能

兰花对空气中的一氧化碳、甲醛等有害气体有比较好的吸收能力，同时能清除室内异味，除尘。有芳香的品种，其芳香也有一定的杀菌作用。

养护要点

1.兰花属于阴生植物，不能够让强烈阳光直接照射，在室内应当置于光线明亮的位置。

2.一般室内温度都适于植株生长，因品种不同耐寒力有差别，但冬天室温最好保持在5℃以上。

3.耐一定的干旱，平时待盆土表面约3厘米深处干时再进行浇水，冬天待盆土完全干后再进行浇水。

4.喜欢较高的空气湿度，空气干燥期间要经常向叶面喷水，或者把花盆放在有湿卵石或粗沙的浅碟上。

5.每隔1～2年换盆一次，在开花之后进行，以春季或秋季为宜。从春至秋，每个月向盆土施一次少量的氮、磷、钾比例为2：1：1的复合肥颗粒。肥料要均匀地撒在盆土上，然后浅锄盆土让肥料进入土中。

元宝树

Castanospermum australe

科　名：蝶形花科/Papilionaceae
属　名：元宝树属/Pterocarya
别　名：栗豆树、开心果、
　　　　绿元宝

元宝树树冠广展，枝叶茂密，生长快速，根系发达，幼株适合作小型盆栽，在室内观赏；成株后可作为庭园观赏植物。其造型可爱，名字吉利、好听，深受消费者欢迎。

生长习性

元宝树属常绿阔叶乔木，原产于大洋洲。喜温暖湿润的环境；盆土排水要好；最适宜温度在20℃以上；平时可摆放在光照充足处；盆土不能太湿，但应经常对枝叶喷水，以满足它对水分的要求。

吸毒功能

元宝树对室内的空气净化效果非常好，能吸收氨气、甲醛、苯等有害物质。根据有关实验，元宝树每平方米植物叶面积24小时可以清除1.33毫克氨气。

养护要点

1.浇水十分讲究，不可直接用自来水浇，因为自来水中含有氯气等消毒物质。如用自来水浇，最好晒上一天再用，遵循"见湿见干"的原则。

2.经常保持盆土湿润，但又不得有积水，环境相对湿度以保持80%以上为好。

3.用肥沃、富含腐殖质的沙质壤土，掺以沤过的木屑、小块松树皮，盆底铺碎石，以利排水。

4.要求中等强度的散射光线，能耐阴，夏季忌烈日暴晒。北方夏季空气干燥，应经常向植株喷水，但忌盆内积水，以免引起子叶腐烂。冬季保持盆土稍干，不干不浇，以防水多烂根。

5.环境要求透风透光，不宜栽植过密；注意清洁卫生，花期结束后及时拔除被害茎叶烧毁，减少侵染源。

空气凤梨

Tillandsia
Airplant

科　名：凤梨科/Bromeliaceae
属　名：铁兰属/*Tillandsia*
别　名：气生凤梨、空气草、
　　　　铁兰花

空气凤梨品种繁多，形态各异，既能赏叶，又可观花，具有装饰效果好、适应性强等特点，有着很高的观赏价值，加上相对比较干净和容易照顾，是忙碌的快节奏生活中兼顾绿化居室和环境的首选，因此近年来有越来越多的养花爱好者种植。

生长习性

空气凤梨为多年生气生或附生草本植物，主要分布在美洲，少数在墨西哥境内。耐干旱、强光；其根系很不发达，有些品种甚至没有根，即便有根，也只能起到固定植株的作用，而不能吸收水分和养分；大部分的品种都生长在干燥的环境，小部分则喜潮湿环境。

吸毒功能

空气凤梨能够利用自身特殊的代谢途径，将甲醛转化为糖或氨基酸一类的天然物质，并且能够吞噬尼古丁。有关资料表明，空气凤梨对甲醛的降解率，达到97%，对苯和甲苯也有一定的吸收功能。

养护要点

1.栽培容器主要有贝壳、石头、枯木、树蕨板、藤篮等，固定可以用铁丝、绳索绑扎，也可以用万能胶、热溶胶将其粘贴在容器上；或是用吊挂方式来栽培，用铜丝或绳索将其绑扎后吊在空中。

2.原产于中南美洲高原，能耐5℃的低温，适温为15～25℃，高于25℃时要加强通风和提高湿度。

3.可每周用喷壶喷水2～3次，干旱季节应每天喷水一次。喷水时，以喷至叶面全湿即可，并注意叶心不要积水。如果喷水过多，可将植株倒转，让多余的水分流出。

4.叶片颜色较灰、白色鳞片较多和较厚硬的品种需要较强的光照；而叶片较绿，鳞片较少和较软的品种较耐阴。在室内栽培时应放在有明亮光照处，如果光照不足，植株易徒长。

5.可以用花宝或磷酸二氢钾加尿素加水1000倍喷施，每周一次；也可将植株浸入3000～5000倍的肥液中1～2小时。冬季和花期可以停止施肥。

吸毒草

Melissa officinalis
Lemon balm

科　名：唇形科/Lamiaceae
属　名：薄荷属/Mentha
别　名：柠檬香蜂草、皱叶薄荷、
　　　　蜂香脂、蜜蜂花

价值用途

吸毒草植株矮小，耐阴性好，浓绿色的叶片上布满褶皱，用手轻轻抚摸，还会散发出淡淡清香味，摆放在茶几、案头，别有一番韵味。

生长习性

吸毒草是多年生宿根草本植物，产于地中海沿岸，在欧洲、中亚、北美均可找到。最适宜的生长温度为10～20℃；立冬前修剪一次，可安全越冬；繁殖容易，可以播种、扦插和分株繁殖。

吸毒功能

吸毒草被称为隐形杀手的克星、健康保护神，可吸收甲醛、苯类、氨气、二氧化硫、烟味、异味等，释放阴离子。经疾病预防控制中心检测，吸毒草对甲醛3小时消除率为92.4%，72小时消除率为98.5%；对总有机挥发物（苯、甲苯、二甲苯）3小时消除率为13.6%，72小时消除率为84.8%；对一氧化碳3小时消除率为20.1%，72小时消除率为71.3%。

养护要点

1.吸毒草喜明亮光照，如房间采光很好，可将其放置在有阳光照射的地方，室内正常通风即可；如果房间采光不是很好，则吸毒草放置房间72小时后挪至阳光充足的地方，72小时再放回去。天气不冷时，也可放置在屋外吸光换气。

2.吸毒草对温度要求不高，冬季能耐低于0℃的低温，但夏季30℃以上的高温生长受限。

3.每隔3～5天用清水或淘米水浇灌即可。

如果由于缺水枝叶蔫了，马上补充水分，很快就会恢复。补充营养液，可用一般常用的植物营养液。

4.吸毒草生长很快，建议每周修剪一下，在较高的枝节上有长新叶的上方剪掉。如出现黑边叶子或根部老的叶子，就要揪掉。

5.吸毒草能散发出具有杀菌作用的挥发油，能吸收有害气体，所以基本不会发生虫害问题，只要保持好吸毒草生长需要的水分、光照、温度就可以了。

山茶

Camellia japonica
Common camellia

科　名：山茶科／Theaceae
属　名：山茶属／*Camellia*
别　名：曼陀罗、海石榴

价值用途

山茶树冠多姿，叶色翠绿，花大艳丽，花期正值冬末春初，适于盆栽观赏，置于门厅人口、会议室、公共场所都能有良好的观赏效果；植于家庭的阳台、窗前，则显得春意盎然。

生长习性

山茶是常绿乔木或灌木，是中国传统的观赏花卉。喜半阴、忌烈日；喜温暖气候，生长温度为18～25℃；喜空气湿度大，忌干燥；喜肥沃、疏松的微酸性土壤。

吸毒功能

山茶能有效清除二氧化硫、氯、乙醚、乙烯、一氧化碳、过氧化氮等有害物质，是净化空气的高手。

养护要点

1.山茶宜放置于温暖湿润、通风透光的地方。春季要光照充足；夏季宜注意遮阴，避开阳光直射与西晒；冬季宜放进室温在3℃以上的室内。

2.保持土壤湿润状态，但不宜过湿，防止时干时湿。一般在春季可适当多浇，以利发芽抽梢；夏季坚持早晚浇水，最好喷叶面水，使叶片湿透，不要用急水直浇、满灌；秋季浇水要适量；冬季则宜在中午前后浇水，可每隔二三天喷一次水。

3.山茶喜肥，上盆时要注意在盆土中放基肥，以磷钾肥为主，施用肥料包括腐熟后的骨粉、头发、鸡毛、砻糠灰、禽粪以及过磷酸钙等物质。平时不宜施肥太多，一般在花后4～5月份间施2～3次稀薄肥水，秋季11月份施一次稍浓的水肥即可。用肥应注意磷肥的比重稍大些，以促进花繁色艳。

4.山茶生长较缓慢，不宜过度修剪，一般将影响树形的徒长枝、病虫枝、弱枝剪去即可。若枝条上的花蕾过多，可疏花仅留1～2个，并保持一定的距离，其余及早摘去，以免消耗养分。此外，还要及时摘去接近凋谢的花朵，可减少养分消耗，以利于植株健壮生长，形成新的花芽。

5.可1～2年翻盆一次，新盆宜大于旧盆一号，以利于根系的舒展发育。翻盆时间宜在春季4月份，秋季亦可。结合换土适当去掉部分板结的旧土，换上肥沃疏松的新土，并结合放置基肥。

凤尾蕨

Pteris multifida Poir
Table fern

科　名：凤尾蕨科/Pteridaceae
属　名：凤尾蕨属/*Pteris*
别　名：井栏草、小叶凤尾草

价值用途

凤尾蕨全丛颜色嫩绿，叶片披拂，极有风姿，配山石盆景尤妙。地栽应选背阴湿润处，可供成片、成行绿化；盆栽可点缀书桌、茶几、窗台和阳台，也适用于客厅、书房、卧室做悬挂式或镶挂式布置。

生长习性

凤尾蕨为多年生蕨类植物，原产中国和日本。喜温暖阴湿环境；有一定的耐寒性，稍耐旱，怕积水；喜欢生长在肥沃、排水良好的钙质土壤中。

吸毒功能

凤尾蕨具有良好的空气净化功能，根据有关实验，凤尾蕨对甲醛的降解率为65%，对苯的降解率为78%。

养护要点

1.宜保持盆土湿润，生长季节水分应供应充足，可2～3天浇水一次。虽然要保持土壤湿润，但对凤尾蕨来说，浇水间隔期间轻度的干燥也无妨；也不能浇水过多，否则会导致叶片脱落。

2.凤尾蕨适宜的温度为16～28℃，高于30℃或低于15℃皆生长不良，过冬时不能低于5℃。夏天中午要加强遮阴和通风，补充叶面水和地面水，以达到降温的目的。

3.凤尾蕨喜高湿环境，不耐干燥，养护期间应勤向植株及生长环境喷水增湿，适宜的湿度为75%～80%左右，过于干燥会造成叶片边缘枯黄，甚至全叶枯黄。

4.凤尾蕨喜温暖半阴环境，适合散射光照，不能让阳光直射，否则易萎蔫卷曲。

5.所用盆器以塑料花盆为好，凤尾蕨喜欢含钙质较多的栽培基质，盆土可使用掺有1%旧墙灰的沙质壤土。

一叶兰

Aspidistra elatior
Common aspidistra

科　名：百合科/Liliaceae
属　名：蜘蛛抱蛋属/Aspidistra
别　名：蜘蛛抱蛋、箬叶

价值用途

一叶兰叶形挺拔整齐，叶色浓绿光亮，姿态优美、淡雅而有风度；它长势强健，适应性强，极耐阴，是室内绿化装饰的优良喜阴观叶植物。适于家庭及办公室布置摆放，可单独观赏，也可和其它观花植物配合布置。

生长习性

一叶兰为多年生常绿草本植物，原产中国南方各地，现各地均有栽培，利用较为广泛。性喜温暖湿润、半阴环境，较耐寒，极耐阴；生长适温为10～25℃。

吸毒功能

一叶兰是天然的清道夫，可以吸收甲醛、苯、二氧化碳等废气，增加室内空气湿度，吸收尘埃。

养护要点

1.一叶兰对土壤要求不严，耐瘠薄，但以疏松、肥沃的微酸性沙质壤土为好。盆栽时，可用腐叶土、泥炭土和园土等量混合作为基质。

2.生长季要充分浇水，保持盆土湿润，并经常向叶面喷水增湿，以利于萌芽抽长新叶；秋末后可适当减少浇水量。

3.春夏季生长旺盛期每月施液肥1～2次，以保证叶片清秀明亮。

4.可以常年在明亮的室内栽培，但无论在室内或室外，都不能放在直射阳光下；短时间的阳光暴晒可能造成叶片灼伤，降低观赏价值。

5.一叶兰极耐阴，即使在阴暗室内也可观赏数月之久。但长期过于阴暗，不利于新叶的萌发和生长，所以如摆放在阴暗室内，最好每隔一段时间，将其移到有明亮光线的地方养护一段时间，以利于生长与观赏。尤其是新叶萌发至新叶生长成熟这段时间，不能放在过于阴暗处。

螺纹铁

Dracaena deremensis
Compacta

科　名：百合科/Liliaceae
属　名：龙血树属/*Dracaena*
别　名：菲律宾铁树、卷叶铁、
　　　　扭纹铁

价值用途

螺纹铁叶片青翠盘旋而上，姿态端庄秀丽，具有极高的观赏价值，适合宾馆、酒店等场所摆放。

生长习性

螺纹铁是一种热带常绿灌木。性喜高温、多湿、半阴环境；对日照要求不高，在间接光情况下能保持芽嫩叶绿；适宜种植在培养土中，可用排水良好的沙质壤土。

吸毒功能

螺纹铁能有效吸附室内的甲醛、苯等有害气体，是家居、办公、宾馆等场所绿化的首选。根据有关实验，螺纹铁每平方米叶片24小时可清除甲醛0.86毫克，净化率为76.1%。

养护要点

1.浇水应遵从"见干见湿"的原则。所谓"见干"，是指浇过一次水后要等到土壤表面发白再浇第二次水。"见湿"是指每次浇水时都要浇透，不能只浇一半或者浇半截。

2.螺纹铁不耐寒，温度低于10℃就会冻坏，所以冬季一定要保持温度在10℃以上。

3.螺纹铁不能置于太阳底下暴晒，这样容易使叶片灼伤，一定要放置于光线充足而太阳不会直射的地方。

4.螺纹铁对肥料要求不高，施肥结合浇水进行，一般采用水溶性肥料或以腐熟的饼肥为主，生长旺盛期每次浇水时都可加肥料进行补充；但在生长慢时，浇水时不要加肥或少加肥。施肥以氮磷钾复合肥为主，不要偏施一种元素。也可根外喷施叶面肥，如喷0.1%～0.2%的尿素和磷酸二氢钾溶液，每半月一次。另外，还可以加些硫酸亚铁肥料增加枝干的强度。

5.平时要保持叶面清洁，不要让太多的灰尘滞留于叶面上，既不美观，又容易产生病害。此外，不要将其摆放在人经常走动的地方，这样容易碰到叶片造成叶片损伤，影响螺纹铁的美观。

金钱树

Zamioculcas zamiifolia

科　名：天南星科／Araceae
属　名：雪芋属／*Zamioculcas*
别　名：金币树、美铁芋、
　　　　金松

金钱树是目前很流行的室内大型盆景植物，可以作为中小型盆栽观赏，也可以作为大型拼盆。它适合许多场合，可以放在宽阔的办公室、新居、客厅、书房、阳台等地方，可让家居环境显得高雅、质朴，并带有南国情调。

生长习性

金钱树为多年生常绿植物，原产于非洲东部雨量偏少的热带（草原）气候区。性喜暖热略干、半阴及年均温度变化小的环境，比较耐干旱，但畏寒冷，忌强光暴晒；要求土壤疏松肥沃、排水良好、富含有机质、呈酸性至微酸性；萌芽力强，剪去粗大的羽状复叶后，其块茎顶端会很快抽生出新叶。

吸毒功能

金钱树可以吸收甲醛、苯等有害气体，杀灭空气中的细菌，是家里的天然氧吧。另外，金钱树可以增加周围的湿气，特别适合摆放在空调房里。

养护要点

1.喜温暖、不耐寒。低于5℃时会导致寒害，冬季最好能维持在12℃以上。不耐高温，在气温高于35℃以上时，植株会生长不良，应通过遮阴、喷洒叶面水和加强通风等措施降低温度。

2.喜充足的阳光，但忌烈日暴晒，光照过烈会使嫩叶灼伤。在5～9月应进行遮阴，或将植株置于散射光充足的地方。也不宜过阴，否则叶色会变得暗淡，并使下部的叶片枯黄。

3.因叶片肉质，能储藏水分，因而能耐干旱。浇水应根据"干湿相间"的方法，忌积水，盆土过湿易引起植株的烂根。但越冬期间应控制浇水，让盆土保持较为干燥的状态。

4.喜湿润的环境，适宜的空气相对湿度在85%左右，应经常向植株及四周环境喷水，以提高空气湿度。

5.生长期间每月追施一次氮钾结合的肥料，以使枝叶茂盛和利于地下块茎的长大。9月施一次磷钾肥，以利植株提高抗寒能力。10月后停止施肥。

柠檬

Citrus limon
Lemon

科　名：芸香科/Rutaceae
属　名：柑橘属/*Citrus*
别　名：益母果、柠果、
　　　　黎檬

价值用途

柠檬具有特殊的香气，可用于盆栽观赏，可观果、观花，陈列于厅堂、庭院等处，清新雅致。

生长习性

柠檬为常绿小乔木，原产东南亚地区。性喜温暖，耐阴，不耐寒，也怕热；对土壤、地势要求不严，平地、丘陵、坡地都适宜栽培，但以土层深厚、疏松、含有机质丰富、保湿保肥力强、排水良好的微酸性土壤为最好。

吸毒功能

柠檬是一种净化甲醛效果较好的植物，而且具有清香，可以杀死白喉菌和痢疾菌等原生菌。

养护要点

1.柠檬的根系对水分、养分及土壤要求较高，盆栽用土应配制成透水透气、保水保肥、微酸性培养土。上盆与换盆时间在秋后、早春均可，可按当地气候灵活掌握。

2.柠檬为喜光植物，然而阳光过分强烈，则生长发育不良。

3.最佳生长温度为23～29℃，超过35℃停止生长，零下2℃即受冻害。柠檬夏季一般不需降温，在霜降前入室，清明后出室，可安全越冬。

4.柠檬在生长发育中需要较多的水分，但水分过多又易烂根。一般而言，春季是抽梢展叶、孕蕾开花的时期，要适量浇水；夏季光照强、温度高，需要的水分较多，但要适时适量，否则会引起落果；秋季是秋梢生长、果实迅速膨大期，必须要有充足的水分；晚秋与冬季是花芽分化期，盆土则要偏干。

5.柠檬较喜肥，除上盆、换盆施足基肥外，生长期应坚持薄肥勤施的原则。施肥次数与施肥量须按长势、物候期而定。北方土质偏碱，可在肥液中加入硫酸亚铁，配成微酸性营养液。

海桐

Pittosporum tobira

科　名：海桐花科/Pittosporaceae
属　名：海桐花属/*Pittosporum*
别　名：海桐花、山矾、宝珠香、
　　　　山瑞香

价值用途

株型圆整，四季常青，花味芳香，种子红艳，为著名的观叶、观果植物，适于盆栽布置展厅、会场等处；也宜地植于花坛四周、花径两侧、建筑物基础或作园林中的绿篱、绿带。

生长习性

海桐为常绿灌木或小乔木，产于我国江苏南部、浙江、福建、台湾、广东等地；朝鲜、日本亦有分布。对光照的适应能力亦较强，较耐荫蔽，亦颇耐烈日，但以半阴地生长最佳；喜肥沃湿润土壤，干旱贫瘠地生长不良；稍耐干旱，颇耐水湿；盆栽或地植，可用一般表土，施钙镁磷肥及腐熟饼肥或禽畜粪作基肥。

吸毒功能

海桐能吸收化学烟雾和二氧化硫，适合放在新装修的居室，因此有"海桐花降烟雾，又是隔音好植物"的谚语。

养护要点

1.海桐性喜温暖、湿润环境，喜阳光，也耐半阴，要求疏松肥沃土壤。南方多用播种繁殖，北方多于春季进行扦插繁殖。

2.盆栽时幼株宜每年春季换一次盆，成株每隔一年换一次盆。换盆时需将枯枝剪除，添加新的肥沃培养土，并用少量骨粉作基肥。

3.生长季节经常向叶面上喷水，以利保持叶面光泽，浇水要"见干见湿"。

4.开花前后各施1~2次稀薄饼肥水，花期停止施肥，并适当控制浇水量，以防落花。

5.北方寒露节后入室越冬。入室后放向阳处，室温保持在5℃以上，注意适当通风和增加室内空气湿度。冬季室温低，要严格控制浇水，使其充分休眠，以利于翌年生长和开花。

太阳神

Dracaena deremensis 'Compacta'

科　名：百合科/Liliaceae
属　名：龙血树属/Dracaena
别　名：密叶朱蕉、密叶龙血树、
　　　　阿波罗千年木

价值用途

太阳神株型紧凑小巧，叶色翠绿优美，为室内绿化装饰的珍品，可置于窗台、茶几和书桌等处观赏。

生长习性

太阳神为木本植物，原产我国与南亚热带地区，喜高温、高湿与半阴环境，耐旱，耐阴性强；适生温度为22～28℃，越冬温度为8℃。

吸毒功能

太阳神可净化甲醛，保持室内空气洁净。有关资料显示，24小时内，太阳神整株植物（包括盆土）可吸收1.299毫克甲醛，单位叶面积可吸收甲醛2.449毫克。

养护要点

1.太阳神需要光，但不能长时间放在强阳光处。每周至少要有一天至一天半的时间应放在室外给它"晒晒脸"，但不能在中午晒，应在早晨或下午晒，否则叶子会被灼伤。

2.浇水应掌握"不干不浇，浇则浇透"的原则。在夏天除向盆内浇水外，还需向叶面喷水，保持叶面湿润；冬天应少浇水，防止水温低多水而引起的叶子发黄、生长不良。

3.太阳神栽培和观赏大多数在室内，现代居室保暖设备较好，然而光线差的地方通风换气的环境较差，导致植物会有闷热之害，所以应注意通风换气，使植物生长良好，不至于因潮湿或太干而造成伤害。

4.一般一个月左右施肥一次，最多为15天一次，宜淡而薄，不能浓稠。在冬天及高温天应停止施肥。

5.比较耐修剪，当植株长至一定高度时，底部叶片会脱落不少，此时可将其截干，底部会重新发出几个新芽，这与长势、营养等有关系。

驱蚊草

Pelargonium × citrenella

科　名：牻牛儿苗科/Geraniaceae
属　名：天竺葵属/*Pelargonium*
别　名：驱蚊香草

价值用途

驱蚊草可造型作盆景，既驱虫，又可观赏，在办公室、居室、营业场所特别适用；驱蚊草常年散发柠檬香味，芳香四溢，清新空气，安全驱蚊。

生长习性

驱蚊草属多年生常绿草本植物，原产南非好望角一带。性喜气候温和，环境清爽；冬怕严寒风干，夏怕酷暑湿热，生长适温为15～20℃；要求含腐殖质、疏松肥沃、通透性强的中性沙质培养土。

吸毒功能

驱蚊草可有效净化甲醛，有关资料显示，当甲醛气体浓度为0.977mg/m³、1.768 mg/m³、2.702 mg/m³、3.652mg/m³时，驱蚊草单位叶面积吸收率分别为12.91mg/m³、26.03mg/m³、38.31mg/m³、48.30mg/m³。

养护要点

1.驱蚊草幼苗期生长极快，所以在幼苗期换盆较勤，6个月内使用泥炭土6份、蛭石1.5份、珍珠岩1.5份、煤炭灰1份的自配营养土，也可从花卉市场购买配好的商品观叶基质土。6个月以后植株适应性极强，可随意用土。

2.驱蚊草在0℃以上可安全越冬，15℃以上即能正常散发柠檬香味，温度越高，散发香味越浓。适量向植株叶片喷些水雾，可使香茅醛物质源源不断释放，从而使驱蚊效果更佳。

3.驱蚊草喜阴，生长时不耐强光照，在夏季要加强遮阴，可以种植在树下或遮阴处。家庭盆栽一般放在室内莳养。

4.每次换盆后应浇一次水，缓苗10天后开始施肥，春秋是植株生长旺盛期，可施用水溶性复合肥，每半个月施一次。

5.夏季高温应少浇水，不施肥，有利于根系发达，提高抗病性。家庭栽培也可以少量施用饼肥和淘米水等。

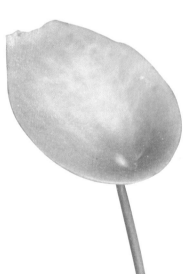

镜面草

Pilea peperomioides
Roundleaf pilea

科　名：荨麻科/Urticaceae
属　名：冷水花属/*Pilea*
别　名：翠屏草、一点金、
　　　　金钱草

镜面草叶形奇特、姿态美观、生长迅速、容易繁殖，适于庭院和室内栽培，是一种比较理想的值得推广的观叶植物，同时也是制作和装饰盆景的良好材料。

生长习性

镜面草为多年生肉质草本植物，特产我国，是一种罕见的耐寒喜阴植物。虽喜阴，但在阳光充足的温室内也生长良好；生长适温在15℃左右；适于在比较湿润、排水良好的泥炭土上生长。

吸毒功能

镜面草具有净化空气的能力，相关资料显示，镜面草可有效吸收甲醛，虽然功能相对差一些，但对甲醛具有较强的耐受性。

养护要点

1. 宜选用疏松、肥沃、富含腐殖质的沙质壤土，可用园土、腐叶土、河沙等量混合配制。

2. 经常保持盆土湿润，但忌积水，以防叶片变色、凋萎甚至茎秆腐烂。为保持空气湿度，可经常向叶面喷雾。

3. 喜明亮的散射光，忌烈日暴晒，以防灼伤叶片。晚秋到翌春，可多见阳光。

4. 喜温暖，生长适温在15～20℃之间，越冬最低温度为10℃，夏季30℃以上时会生长停滞、叶片易脱落。尤其要注意的是，温度的突然下降会造成叶茎变色，部分脱落。

5. 生长季节，每半月施稀薄液肥一次，但应注意氮肥过多会造成叶片徒长、植株倒伏，浓肥及生肥会造成植株烂根甚至死亡。

竹柏

Nageia nagi
Nagi podocarpus

科　名：罗汉松科/Podocarpaceae
属　名：竹柏属/Nageia
别　名：罗汉柴、铁甲树

竹柏叶色浓绿，四季常青，形态潇洒，小苗和幼株可作为盆栽观叶植物观赏。根据植株大小的不同，可布置于客厅、书房、办公室等处，清秀飘逸。

生长习性

竹柏为常绿乔木，产于浙江、福建、江西、四川、广东、广西、湖南等地。喜温热湿润气候；属耐阴树种；土壤要求严格，深厚、疏松、湿润、腐殖质层厚、呈酸性的沙壤土至轻黏土较适宜。

吸毒功能

竹柏能很好地吸收甲醛，净化室内空气。相关资料显示，无论是从整盆植物去除甲醛的效果来看，还是仅考虑植物体本身对甲醛的去除作用，竹柏的效果都首屈一指。

养护要点

1．光照较强的5～9月注意遮光，可搭遮阳网或将花盆放在无直射阳光处养护，以免强烈的直射光灼伤根茎处，造成植株枯死。

2．生长期保持盆土湿润而不积水，过于干旱和积水都不利于植株正常生长。经常向叶面及植株周围喷水，以增加空气湿度，使叶色浓绿光亮，防止因空气干燥导致叶缘干枯。

3．盆栽植株不需要长得太快，因此一般不需要另施肥，但为了确保叶色浓绿，可在生长旺季施两三次矾肥水。

4．栽培中注意修剪整形，剪去影响植株美观的枝条，摘去老化发黄的叶片，以控制植株高度，保持株型优美。冬季置于室内光线明亮之处，控制浇水，不低于0℃即可安全越冬。

5．每年春季换盆一次，盆土可用腐叶土或草炭土3份、园土2份、沙土1份的混合土。竹柏常用播种、扦插、压条等方法繁殖。

碰碰香

Plectranthus tomentosa

科　名：牻牛儿苗科/Geraniaceae
属　名：天竺葵属/*Pelargonium*
别　名：到手香

碰碰香宜盆栽观赏，宜放置在高处或悬吊在室内，也可作几案、书桌的点缀品，具有提神醒脑、清热解暑、驱避蚊虫的作用。

生长习性

碰碰香为灌木状草本植物，原产非洲好望角。喜阳光，全年可全日照培养，但也较耐阴；喜温暖，怕寒冷，冬季需要0℃以上的温度；喜疏松、排水良好的土壤；不耐水湿，过湿则易烂根致死。

吸毒功能

碰碰香是有效的室内空气净化器，有关实验表明，碰碰香可有效清除空气中的氨气，保持室内空气清新。

养护要点

1.喜欢阳光充足的环境，强光下肉质叶片才会厚实；光照不足，则叶子会变扁而薄。

2.喜疏松、排水良好的土壤。

3.要求空气流通、新鲜，否则易遭介壳虫危害。

4.不耐潮湿，过湿则易烂根致死。土壤要见干见湿，阴天应减少或停止浇水、施肥。夏季过后，一定要少浇水；冬天更要控制浇水。

5.碰碰香极易分枝，以水平面生长，所以定植时株行距宜宽，才能使枝叶舒展。适度修剪可促进分枝，生长健壮。

参考文献

1. 李娟，穆肃，丁曦宁.绿色植物对室内空气中甲醛、苯、甲苯净化效果研究[J].科技资讯，2009.

2. 莫仕龙，韦代杰.常见能净化空气的室内观赏植物及其栽培方法.南宁师范高等专科学校学报，2008.

3. 毛敏汇，张姜璇子，曹晓月，等.观赏植物净化室内空气中苯的研究进展[J]. 中国观赏园艺研究进展，2010.

4. 吴平.几种植物对室内污染气体甲醛的净化能力研究[D].南京林业大学，2006.

5. 徐建.花卉植物帮助你家去甲醛[M].社区，2009，（20）.

6. 刘艳菊，牟玉静，朱永官，等.利用盆栽植物净化室内苯污染的修复技术探索[J].中国生态学会2006年学术年会论文荟萃，2006.

7. 龙庆，谭旭菲，韩明，等.浅析绿色观赏植物在室内空气净化中的作用[J].神州，2012.

8. 闫生荣，谭维维，杨春和，等.室内观赏植物净化甲醛污染作用研究综述[J].生物学教学，2012.

9. 胡红波，李景广，沈嗣卿，等.室内盆栽观赏植物对空气净化能力的研究[J].第六届国际绿色建筑与建筑节能大会论文集，2010.

10. 徐仲均，皮东恒，林爱军，等.植物对室内空气中甲醛的净化[J].环境与健康，2008.

11. 许桂芳.植物盆栽在净化室内甲醛污染中的应用[J].中国园艺文摘，2012.

12. 李艳菊，葛红.室内观赏植物对苯和甲醛的净化研究及养护技术.北京：科学出版社，2010.

13. 熊伟.常用室内观赏植物挥发物成分及其对甲醛吸收效果的研究[D].浙江农林大学，2011.

14. 徐迪.18种观赏植物甲醛吸收能力的研究[D].昆明理工大学，2009.

15. 梁双燕.室内观赏植物吸收甲醛效果的初步研究[D].北京林业大学，2007.

16. 刘喜梅.观赏植物对甲醛的去除效果及其耐受机理初探[D].扬州大学， 2009.

17. 于洋.几种观叶植物对室内氨气污染的净化研究[D].东北林业大学，2009.